专　精　新

西蓝薹　青花菜　皱叶菜

特色蔬菜

青花菜、西蓝薹和皱叶菜

绿色生产技术

贺亚菲　李占省　高广金◎主编

长江出版传媒　湖北科学技术出版社

U0253731

图书在版编目（CIP）数据

特色蔬菜青花菜、西蓝薹和皱叶菜绿色生产技术 /
贺亚菲，李占省，高广金主编. —武汉 ： 湖北科学技术
出版社，2022.8(2023.7 重印)
　ISBN 978-7-5706-2142-2

　Ⅰ. ①特… Ⅱ. ①贺… ②李… ③高… Ⅲ. ①蔬菜园
艺-无污染技术 Ⅳ. ①S63

中国版本图书馆 CIP 数据核字(2022)第 126610 号

特色蔬菜青花菜、西蓝薹和皱叶菜绿色生产技术
TESE SHUCAI QINGHUACAI XILANTAI HE ZHOUYECAI LÜSE　SHENGCHAN JISHU

策　　划：邓　涛　赵襄玲		责任校对：陈横宇	
责任编辑：赵襄玲　王小芳　魏　珩		封面设计：胡　博	
出版发行：湖北科学技术出版社		电话：027-87679468	
地　　址：武汉市雄楚大街 268 号		邮编：430070	
（湖北出版文化城 B 座 13-14 层）			
网　　址：http://www.hbstp.com.cn			
印　　刷：永清县晔盛亚胶印有限公司		邮编：065699	

710×1000	1/16	11 印张	200 千字
2022 年 8 月第 1 版		2023 年 7 月第 6 次印刷	
			定价：35.00 元

本书如有印装质量问题　可找本社市场部更换

《特色蔬菜青花菜、西蓝薹和皱叶菜绿色生产技术》
编 委 会

内 容 简 介

本书是一本能够提高田间效益、指导人们科学食用特色蔬菜的科普读物。全书共分9章,包括特色蔬菜产业发展的意义、青花菜发展概况、青花菜品种选育与推广、青花菜生长发育特性、青花菜高效种植模式、西蓝薹种植技术、皱叶菜种植技术、特色蔬菜病虫害防控技术、特色蔬菜保鲜加工与食用方法等内容。

该书图文并茂、通俗易懂、一学就会、一干就成,是一本能提高特色蔬菜种植技术、效益和商品品质的科普读物,为保障菜篮子供应和丰富人们的饮食生活以及饮食健康提供了一种新的选择。同时,该读物既适宜职业农民阅读学习和实践操作,又便于城镇居民了解产品的营养成分与保健功能以及科学的烹饪方法。

前　言

　　蔬菜是人们日常饮食中必需的营养来源之一,能够满足人体必需的氨基酸、多种维生素与矿物质等营养成分。FAO(联合国粮食及农业组织)研究表明,人体所需的 90% 的维生素 C、60% 的维生素 A 主要来自蔬菜。随着经济的发展和人们对美好生活的需要日益提高,国民对高品质蔬菜的品种类型、营养价值与保健功能等都提出了更高的要求。特色蔬菜青花菜、西蓝薹和皱叶菜,是从欧洲和日本引进的高档蔬菜,营养物质十分丰富,富含蛋白质、维生素 C、维生素 B₉、胡萝卜素,以及钙、镁、铁、锌、硒等多种矿物质。研究发现,青花菜中富含的莱菔硫烷(萝卜硫素,sulforaphane),不但能降低肝癌、肺癌、胃癌、食道癌、乳腺癌、膀胱癌、结肠癌等多种癌症的患病风险,还能够清除致癌物质、修复 DNA 损伤、消除炎症等。在欧美及日本有"常吃青花菜,不易患癌症"的说法。同时,这些蔬菜食药同源,保健功效尤为显著,经常食用,可补肾填精、健脑壮骨、补脾和胃。进入 21 世纪,我国青花菜产业发展步伐加快,种植面积逐年增加,起初主要在东部沿海地区栽培,主要用于出口和满足国外订单,随后,栽培地区逐渐扩展至中西部地区,产品主要是内销。目前,青花菜种植已覆盖全国 30 多个省(区、市),种植面积逾 150 万亩(1 亩 = 666.7m²)。作为一种高档蔬菜,过去只能在宾馆酒店和高档酒席见到,现在已进入城镇居民的餐桌。据中国海关和农业农村部信息中心数据,我国青花菜种子主要依靠从日本、美国、荷兰等国进口,不仅价格高昂,而且供应数量存在"卡脖子"现象。因此,农业农村部、科学技术部组织了"国家西蓝花良种重大科研联合攻关",建立了国内 20 多家种子科研攻关团队,开启了中国青花菜发展的新征程。经过3 年多的努力,我国已育成一批潜力品种,总推广面积已达到 30 多万亩。为了更好地推进特色蔬菜青花菜、西蓝薹和皱叶菜产业的绿色健康发展,逐步走向种植规模化、经营集约化、生产标准化、效益最优化的绿色发展路子,编者收集并整理了国内外科研成果、产业经验,以及武汉亚非种业 10

多年的实践经历和营销成效,编写了这本介绍特色蔬菜绿色生产技术的图书,以供广大农业科技工作者、新型农业经营主体以及从事蔬菜生产、加工和销售人员等参考使用。

本书编写过程中,得到了科研、教学、推广和加工企业等方面人员的大力支持,对他们辛勤的劳动表示衷心感谢!由于涉及面广,水平有限,加上时间紧、任务重,书中难免有不完善之处,敬请各位专家、读者提出宝贵意见以利纠正。

编者

2022 年 7 月

目　　录

第一章 特色蔬菜产业发展的意义

特色蔬菜青花菜、西蓝薹和皱叶菜,具有种植范围广、营养价值高、经济效益好、保健功能强等特点,产业和市场开发潜力巨大,适合全国不同类型生态区多样化发展。

第一节 特色蔬菜的营养与功效

一、青花菜的营养与功效

(一) 青花菜的营养成分

青花菜是一种高档特色蔬菜,不仅味道鲜美、颜色亮丽,而且营养物质含量高,主要包括蛋白质、维生素 C、胡萝卜素和矿物质等。据中国医学科学院卫生研究所分析,每 100g 鲜花球中含蛋白质 4.1g、糖类 4.3g、钙 97mg、胡萝卜素 7 210mg,其蛋白质含量是番茄的 2 倍,维生素 A 含量比白菜高 200 多倍,还有多种维生素含量(表 1-1)。此外,青花菜中矿物质成分十分全面,钙、磷、铁、钾、锌、锰等含量都很丰富,能够满足人体营养与健康的多种需求。

表 1-1 青花菜与其他蔬菜营养含量比较

名称	蛋白质 (g)	脂肪 (g)	糖类 (g)	胡萝卜素 (mg)	维生素 A (mg)	维生素 C (mg)	维生素 E (mg)	钙 (mg)
青花菜	4.1	0.6	4.3	7 210	1 202	51	0.91	97
番茄	2.0	0.6	2.6	1 149	192	5	1.66	31
大白菜	1.1	0.2	3.2	30	5	19	0.36	45
茄子	1.1	0.2	4.9	50	8	5	1.13	24

名称	蛋白质 (g)	脂肪 (g)	糖类 (g)	胡萝卜素 (mg)	维生素 A (mg)	维生素 C (mg)	维生素 E (mg)	钙 (mg)
香菜	1.8	0.4	6.2	116	193	48	0.8	101
花椰菜	2.1	0.2	4.6	30	5	61	0.43	23
黄瓜	0.8	0.2	2.9	90	15	19	0.49	24
青椒	0.8	0.2	2.9	340	5	62	0.88	15

注：数据源自中国医学科学院卫生研究所。

（二）青花菜的功效

青花菜属于食药同源产品，具有较高的保健功效，可补肾填精、健脑壮骨、补脾和胃。此外，医用功效显著，近 40 年的研究发现，青花菜中的莱菔硫烷（萝卜硫素）能够显著降低多种癌症的发病率和患病风险，对心脑血管和三高人群具有极高的医学功效。在欧美及日本常有"吃青花菜，不易患癌症"的说法。据报道，青花菜所含的芳香异硫氰酸等化合物（或称介子油类），可诱导 II 相解毒酶的产生，是癌细胞和炎症因子的天然抑制剂。

二、西蓝薹的营养与功效

（一）西蓝薹的营养成分

西蓝薹是青花菜（*Brassica oleracea* var. *italica*）和芥蓝（*Brassica alboglabra* L. H. *Bailey*）的杂交后代，含有丰富的营养成分，据农业农村部蔬菜种子质量监督检验测试中心分析，每 100g 鲜薹中含蛋白质 4g，维生素 A、维生素 B、维生素 C 和维生素 E 的含量分别为 3 101mg、0.2mg、74mg 和 1.7mg，其中维生素 A 的含量是花椰菜的 100 倍。西蓝薹还富含其他矿物质元素，如铁 111mg、钙 48mg、磷 72mg 等，此外，西蓝薹的膳食纤维和胡萝卜素含量也特别高，分别为 1.0g 和 560μg，且脂肪含量特别低，仅有 0.26g（表 1-2）。

表 1-2 西蓝薹营养成分检测

检测项目	实测值
蛋白质(g)	4
维生素 A(mg)	3 101
维生素 B(mg)	0.2
维生素 C(mg)	74
维生素 E(mg)	1.7
铁(mg)	111
钙(mg)	48
磷(mg)	72
膳食纤维(g)	1.0
胡萝卜素(μg)	560
脂肪(g)	0.26

注:数据来源于农业农村部蔬菜种子质量监督检验测试中心。

(二)西蓝薹的功效

据研究发现,西蓝薹对幽门螺杆菌(Hp)具有一定的抑制作用。此外,西蓝薹能够阻止胆固醇氧化,防止血小板凝结,减少患心脏病与中风的危险。

三、皱叶菜的营养与功效

(一)皱叶菜的营养成分

皱叶菜(Brassica oleracea var. acephala)含有丰富的营养物质,包括多种维生素、碳水化合物、矿物质和纤维素等。据农业农村部蔬菜种子质量监督检验测试中心分析,每 100g 鲜菜中含 β-胡萝卜素 3.12mg,脂肪 0.39g,水分 82.5g,还有一些矿物质,如钾、钙、镁和磷,分别为 3 570mg、1 360mg、342mg 和 1 160mg。其中,维生素 C 含量较高,为 152mg(表 1-3)。

表 1-3　皱叶菜营养成分检测

检测项目	实测值
维生素 C(mg)	152
β-胡萝卜素(mg)	3.12
脂肪(g)	0.39
水分(g)	82.5
钾(mg)	3 570
钙(mg)	1 360
镁(mg)	342
磷(mg)	1 160

注：数据来源于农业农村部蔬菜种子质量监督检验测试中心。

(二) 皱叶菜的功效

据研究发现，皱叶菜能提高人体免疫力，改善人体对铁、钙、叶酸等的吸收和利用效率，显著降低人体贫血和增进对钙质的吸收。此外，皱叶菜富含叶酸，可提高女性生育质量，防止胎儿畸形。

第二节　特色蔬菜的开发价值

特色蔬菜的营养价值、人体保健价值以及生产经济价值，已被实践证明，为了加快推广应用，我们选择了几个地方的生产与市场开发典型，供各地相似生态类型区域借鉴。

一、甘肃兰州青花菜产业发展概况、存在问题及发展建议

兰州市是甘肃的省会城市，位于甘肃省中部，全市面积 13 100km²，耕地面积 315 万亩，总人口 438.43 万人，其中农业人口 72.08 万人。该市属温带大陆性气候，年平均气温 10.3℃，年平均日照时数为 2 446h，无霜期为 180d，年平均降水量为 327mm，降水主要集中在 6—9 月。作为我国夏

季冷凉蔬菜的主要生产基地之一,现有优质蔬菜基地 30 万亩。

(一) 青花菜产业发展概况

早在 19 世纪 80 年代,兰州市开始种植青花菜,至今已有 30 多年的历史。兰州市以榆中县定远镇为青花菜种植中心,带动周边金崖镇、三角城乡、新营镇,以及皋兰县、永登县等多地发展。近年来,种植面积稳定在 3 万多亩。

青花菜种植依据海拔和茬口来确定种植青花菜品种类型,以耐抽薹早熟品种为主,像耐寒优秀、亚非绿宝盆 65、台绿 3 号、中青 16 号等,根据不同海拔和播种茬口安排,可以满足 6—10 月均衡供应。由于冬季气温太低,很多作物不能生长,土地可利用时间主要集中在 4—10 月。价格采收方面,青花菜冷库平均价格 3 元/kg,每亩产量约 1 200kg,亩产值约 3 600元,农户平均每亩收益在 2 000 元,种植大户每亩收益在 1 000 元。为此弥补了全国对夏季青花菜的需求,同时也极大带动了当地农业的发展和乡村振兴。

(二) 存在的问题

1. 品种单一　由于品种的适应性和花球颜色等诸多问题,兰州市大面积种植的还是已经在市场推广十几年的品种,无产量优势,耐雨水性不强。

2. 病害发生　随着全球气候变暖,降雨分布不均,兰州市每年 7—9 月降雨偏多,青花菜黑腐病频繁发生,气候异常导致黑腐病大面积发生,造成大面积减产或绝收。

3. 机械化程度低　兰州市农村人口老龄化现象严重,在青花菜的移栽、采收等集中阶段雇工难,基地规模化发展成本难以控制。

4. 深加工产业薄弱　兰州市青花菜主要是以市场鲜销为主,也有一些企业做一些青花菜磨粉,没有形成大规模体系。

(三) 发展建议

兰州市是我国高原夏菜生产基地,具有天然的地理优势。随着人们生活水平不断提高,人们越来越重视饮食健康。从市场开发来看,未来兰州市青花菜种植规模还会进一步扩大,为了更好地发展兰州市青花菜特色产业,提出以下几点建议。

1. **研发力度** 加大青花菜新品种研发和测试,争取培育出广适性、抗病性、高产性强的国产优良新品种。

2. **机械化作业** 加大青花菜移栽和采收环节的机械化作业。随着基地规模化种植和我国人口老龄化,各行各业的用工难越发凸显,农业只有发展机械化和智能化才能保证规模化稳定生产。

3. **功能性成分开发** 加大青花菜深加工开发和萝卜硫素的提取开发利用。青花菜是健康蔬菜,《自然》杂志报道萝卜硫素可以降低冠状病毒的复制效率。

4. **宣传力度** 加强青花菜的功能和食用方法的宣传。让更多的消费者认识到吃青花菜的好处及掌握科学的烹饪方法。

二、湖北潜江青花菜—玉米(大豆)高效种植模式

潜江市位于湖北省中南部、江汉平原腹地,是连接湖北东西部的桥梁城市,是武汉城市圈的成员之一。全市面积 2 004km²,总人口 103 万人,境内有全国十大油田之一的江汉油田,辖 3 个省级经济开发区、6 个县级国有农场、16 个镇区。自然条件优越,属洞庭湖冲积平原,总体地势平坦,气候温和,雨量充沛,土质肥沃。

(一) 青花菜种植情况

潜江市青花菜大面积种植区主要集中在总口管理区和渔洋镇,种植历史始于 2012 年,由当初 200 亩逐年增长至 30 000 亩左右,并趋于稳定。2016 年约种植 5 000 亩;2017 年约种植 13 000 亩;2018 年约种植 20 000 亩;2019 年约种植 25 000 亩,2020 年约种植 31 000 亩,2021 年约种植 30 000 亩。主要种植模式是青花菜—春玉米(甜糯玉米)、青花菜—大豆模式。主栽品种为日本坂田公司的耐寒优秀等,8 月中旬育苗,9 月上旬移栽,11 月中旬开始收获,主花球收割后还可以收后期分枝的小花球。迟熟的品种主要为晚绿,收获时期在第 2 年 2—3 月。青花菜亩产 1 400kg 左右。一般年份青花菜的价格 3 元/kg 左右,亩平均收入 4 200 元。

（二）存在的问题

1. 种植水平还有待提高　单一模式导致连作障碍加重,如中微量元素缺乏导致生理性病害,影响产量与商品价值。又如线虫病、真菌性病害的累积导致根肿病蔓延。如果换地轮作,就需要另外的耕地周转,否则只能在原有土地上轮作换茬。

2. 深加工能力较弱　全市尚没有青花菜深加工企业,现有企业仅限于采摘鲜菜冷库初级包装,打包发往外地,价格受外部市场环境影响较大,竞争力不强,科技支撑严重不足。

（三）发展规划

1. 适当稳定种植面积　按照国家宏观政策,统筹协调粮食生产与菜篮子关系,适当稳定面积 30 000 亩。

2. 合理调整种植结构　根据青花菜与有机花菜(松花型花椰菜)的市场效益,适当调整青花菜种植品种,合理安排种植中、晚熟品种,增加多样性,降低种植风险。

3. 栽培技术体系创新　种子进行晾晒后,机械穴盘播种育苗,移栽后铺设滴灌设施。

三、湖北仙桃青花菜产业发展情况、存在问题及发展建议

仙桃市地处江汉平原腹地,全市面积 2 538km² ,耕地面积 196 万亩,总人口 156.08 万,其中农业人口 116.93 万人,农民人均纯收入 14 500 元。2021 年,全市优质稻板块基地 100 万亩、优质油菜基地 82 万亩、优质棉花基地 15 万亩、优质蔬菜基地 21 万亩。

（一）产业发展情况

仙桃市青花菜种植最早在 2009 年,由胡家明引进青花菜在陈场镇蔡桥村进行摸索种植,经过发展,后成立了合作社,发动农户一起种植致富,通过 10 多年摸索,青花菜种植技术日渐成熟。仙桃市以陈场镇为中心,带动了周边的九合垸原种场、通海口镇、沔城回族镇、三伏潭镇、郭河镇、张沟镇等,2013 年种植面积 7 410 亩,2014 年种植面积 1.5 万亩,2015 年 3.4 万亩,

随着青花菜种植面积逐年扩大,2021 年达到了 8.6 万亩。

青花菜喜冷凉湿润的气候条件,仙桃市主要是夏秋季播种栽培青花菜,大多采用玉米(毛豆)—青花菜周年种植模式。主栽品种为亚非绿宝盆 65、亚非绿宝石 80、亚非三月鲜、耐寒优秀、炎秀,按播种时间分早、中、晚熟,分别在每年 10 月中旬至 11 月上旬、11 月中旬至 12 月中旬、12 月中旬至翌年 3 月采收均衡上市。近几年,青花菜田间平均批发价格在 2.8~3.2 元/kg,每亩产量约 1 100kg,亩产值 3 000 元。农户平均每亩收益在 2 000 元,种植大户每亩收益在 1 000~1 300 元。

(二) 存在的问题

1. **受早秋高温干旱气候影响** 一般农户早熟类育苗困难,成苗率极低,很多菜农多次重复育苗,增加种植成本,延后栽植与中熟类生育期接近。原本分茬成熟、分批上市的青花菜同期成熟,扎堆上市,造成短期内供过于求。以 2018 年为例,11 月中旬至 12 月上旬就有近 2 万亩同期采收上市,每天采收总量近 1 000t,造成市场对接不充分,过高的产能不能及时有效化解而出现滞销情况。

2. **机械化应用程度不高** 现在农村劳动力不够,青花菜育苗移栽、采收用工大,大面积种植易出现请工难。

3. **农业加工企业用电费用高** 青花菜加工企业基本为中小企业,利润微薄,使用冷库及生产用电按照工业用电价格执行,1.1 元/(kw·h),若企业建设 3 000t 冷库,每月电费需 20 万元,电费费用太高,能源消耗过大。

4. **农业企业贷款融资困难** 农业加工企业面临生产成本高、竞争压力大、融资困难的局面。企业或者合作社向农户收青花菜都是现金结算,需要强大的现金资金流才能库货、进行加工;资金周转困难的时候,没有支持农业企业的较为利好的融资政策。

(三) 发展规划

1. **推广集中育苗** 早秋季节育苗历来高温旱情较重,不利早熟青花菜成苗。推广工厂化集中育苗,能够克服气候不利影响,对早熟类种植扩大面积和提高收益具有重要意义。

2. **调整种植结构**　因地制宜,适当调减中熟类品种种植面积,扩大早熟类和晚熟类品种种植面积,防范市场风险。

3. **加强市场预警**　结合种植情况,掌握青花菜上市量和市场行情,及时科学有效预警,防止出现扎堆上市和减少低价抛售而造成效益受损。

4. **扶持冷链建设**　冷库保鲜对青花菜种植和提升货架期、保鲜度具有重要作用,对本地青花菜错峰上市,调节市场和提高种植效益效果不可替代,建议加大政策扶持和补贴力度,促进青花菜持续健康发展。

5. **创建优质品牌**　仙桃市是湖北省富硒产业开发试点县市之一,开发富硒青花菜,要依托现有品牌"盛世佳人""简优农品""硒乡源"等,通过参加各类农产品推介活动,进一步提高产品知名度。同时,要整合地方品牌,开展青花菜地理标志品牌认证工作,放大品牌知名效应,加强宣传工作,通过拓宽电商平台渠道增加市场占有率。

6. **推进多功能开发**　以梦里水乡、九合兰苑等旅游点为依托,在陈场、九合垸一带、采摘园周边、一日游沿线发展观光青花菜。以湖北中和农产品大市场有限责任公司、湖北永华食品科技有限公司为依托,推进青花菜产品的加工开发,如青花菜泡菜和霉干菜等。

7. **加强政策扶持**　出台蔬菜优势区域发展指导意见,整合农田水利、土地平整、综合开发等农业项目资金,优先支持青花菜基地基础设施建设,同时,加强产前引导、产中指导、产后服务,促进青花菜产业可持续发展。

四、河北沽源青花菜产业发展状况

沽源位于河北省张家口市坝上地区,东经114°50′、北纬41°14′。北靠内蒙古、东依承德、南临北京、西接大同,是内蒙古高原向华北平原过渡的地带。沽源县总面积3 653km²,辖4镇、10乡,233个建制村,人口23.1万人,其中农业人口20.95万人,有耕地156万亩,农民人均7.5亩。境内山脉起伏连绵,属阴山余脉,全县平均海拔1 536m。

(一)青花菜产业发展概况

2013年7月,沽源县荣获"中国青花菜之乡"称号。沽源县全县境内均种植青花菜,面积稳定在7万~8万亩,2019年,河北沽源已建成规模蔬菜交易市场15家、龙头企业20余家,从事蔬菜生产的农民专业合作社60余家。由于无霜期短,在120d左右,一年一块地只能种植一个茬口,从清明前后一直到6月,均可播种,种植户、基地等通常在4—6月连续播种3~5批次。因此,供应给京、港、澳以及出口的青花菜,在7—9月错季连续上市。主栽品种为日本坂田公司的耐寒优秀,亩产在1 200~1 400kg,以500g左右的花球为标准,最受市场欢迎;近几年,青花菜平均价格3~5元/kg,平均每亩地纯收入在2 000~3 000元。

(二) 存在的问题

1. 气候条件　由于气候条件受限,青花菜育苗还有很大一部分依托于外省市,如北京、廊坊、张家口万全、赤城等地,就近、安全、成熟的苗场数量还有待增加。

2. 昼夜温差大　受冷凉气候影响,昼夜温差大,如果没有做保温措施,容易发生春化开花,造成严重损失。

3. 自然灾害　气候条件近几年逐渐恶劣,时有自然灾害发生,冰雹在5—8月局部性时有发生,对青花菜生长带来不可逆的破坏。

4. 水资源匮乏　水资源匮乏,农业用水占总用水量的80%,全县用水主要来源于地下水的开采,地表水资源供水量只占水资源供水总量的10%,目前虽然节水灌溉在全县得到了大面积的推广发展,但水资源短缺仍是今后农业发展的重大问题。

5. 土壤病害　连年种植未倒茬,土壤病害越来越严重,导致土壤微生物失调,土传病害频发,用药成本增加。

6. 机械化程度　机械化程度还有待提高,作为"中国青花菜之乡",在整个种植到采收的过程中,用工量巨大,人工成本占比过高。

7. 进口限制　青花菜主要依靠其他省市,如北京、深圳、广州、上海、武汉等地的菜商进行收购,虽有错季优势,但仍然缺乏统一管理,大量集中上市,导致价格受限。

(三) 发展规划

1. 加快育种进程　加快选育更优秀的品种,使沽源地区在抗病性、颜色、花球上得到进一步提升改善,增加沽源青花菜品质竞争力。

2．**引进新种类**　针对近几年不确定的自然灾害的频繁发生,引进推广新的种类和品类,如西蓝薹,在抗逆性、抗破坏性上更胜一筹,实现新品类的持续供应,打造沽源新特色。

3．**调整种植结构**　合理稳定面积,以免造成大量集中上市导致的价格下行、收入降低,调整单一的种植结构,多样化种植发展品类。

4．**合理轮作**　合理轮作,让土壤微生物得以改善,有利于品质、产量的提升。

5．**品牌打造**　树立沽源坝上青花菜品牌,打造错季上市青花菜标杆,通过合理化管理提升青花菜品质与经济效益。

五、河南许昌亚非西蓝薹开拓新产业

许昌,又称莲城,地处河南省腹地,北临郑州,西依伏牛山脉、中岳嵩山,东、南接黄淮海大平原,介于东经 112°42′～114°14′,北纬 34°16′～34°58′。全市总面积 4 996km²,2014 年底总人口 487.1 万人,常住人口为 431.5 万人。许昌市属暖温带亚湿润季风气候,热量资源丰富,雨量较多,光照充足,无霜期长。许昌春季干旱多风沙,夏季炎热雨集中,秋季晴和气爽日照长,冬季寒冷少雨雪。年平均气温在 15℃,历年 1 月平均气温为 0.7℃,7 月平均气温为 27.1℃,日照 2 280h,年降水量 700mm,无霜期 217d。许昌盛产小麦、玉米、红薯、大豆、花生、烟叶、棉花等。在粮食、棉花、烟叶三大产业继续保持优势的前提下,花卉、蔬菜、中药材三大产业迅速兴起,农业特色经济逐步形成。通过强力推进许昌国家农业科技园区建设,大力发展特色农业及加强农业和农村基础设施建设,许昌由传统农业向现代农业跨越步伐显著加快。

（一）产业发展情况

许昌西蓝薹种植是从 2018 年开始的,由亚非种业率先引种试种,2019年至今种植面积逐年增长,目前,主要以早春冷棚 11 月 20 日—12 月 20 日育苗,苗龄 50d,3 月底上市,春季露地 1 月 5 日—1 月 20 日育苗,苗龄 40d,

4月中旬上市,秋季露地 6 月 30 日—7 月 10 日育苗,苗龄 25d,9 月底上市,秋季冷棚 7 月 25 日—8 月 5 日育苗,苗龄 25d,12 月初上市 4 个茬口,主要种植品种有亚非薹薹、亚非薹薹二号、亚非薹薹四号。目前,每年春秋推广面积不低于 2 000 亩,主供北京、上海、广州、深圳等一线城市 3~5 月、10—12 月的市场需求,而且需求量呈逐年增长趋势,本地市场如郑州丹尼斯超市、许昌胖东来超市等也已开始上架。主薹按 10cm 长度标准采收,侧薹按 10~15cm 的标准采收,每亩产量约 750kg,市场批发价格一般不低于 10 元/kg,种植成本在 4 元/kg,单季纯利润约 4 500 元/亩,对菜薹种植基地而言,西蓝薹相比其他薹类作物效益平稳且可观。

(二) 存在的问题

1. 采收期用工难　人口老龄化日趋严重的今天,农村的留守老人大多在 60 岁以上,采收过程中尽管计件工价开到 1 元/kg,仍然不能保证充足的人工和高效的出菜率。

2. 运输和包装成本的费用呈逐年升高趋势　西蓝薹属于高档特色蔬菜,需要冷链运输,受石油涨价及新冠疫情的影响,泡沫箱涨价、货车难找,目前运输成本和包装已高达 2 元/kg。

3. 质量标准需要统一　北方市场需要侧薹长度在 20cm 左右的大薹,而南方则需要长度在 10cm 左右的嫩薹,不同市场对新兴起的西蓝薹接受程度有很大区别。

(三) 发展规划

1. 品种选择　合理选择适宜的品种,例如抗热型的亚非薹薹,不仅颜色翠绿,而且在产量、条形、光泽度方面优势都比较突出。耐寒早熟类型的如亚非薹薹二号,不仅口感更佳,而且花球更紧实,整齐度更高。耐寒晚熟类型的如亚非薹薹四号,可以在淡季赶价格上市。

2. 合理规划种植面积　按早中晚批次进行种植,循环供应市场,避免扎堆,规避跌价风险,降低因采收不及时造成的经济损失。

3. 销售环节　我们要提前多开发一些销售客户,不仅可以开发菜市场的档口销售,还可以从商超、生鲜店、餐厅、电商平台等渠道进行销售。

六、河南社旗西蓝薹发展探索

(一)社旗蔬菜,可圈可点

社旗县,隶属河南省南阳市,位于河南省西南部,南阳盆地东北部边缘。地处东经 112°46′～113°11′、北纬 32°47′～33°19′。东与泌阳县接壤,西和宛城区毗连,北与方城县交界,南同唐河县为邻。社旗县地处亚热带向暖温带过渡地区,属北亚热带季风性大陆气候,四季分明,气候温和。年日照总时数平均为 2 187.8h,年平均太阳总辐射量 487.69kJ/m²。年平均气温 15.2℃,历年月平均气温最低 1.4℃,最高 28.0℃。全年无霜期 233d,≥0℃活动积温 5 500℃,≥10℃活动积温 4 939℃。年平均降水量 910.11mm,4—9 月降水 689.2mm,占全年的 75.7%。

该县已把蔬菜产业确定为全县四大主导产业之一,并与广东深农集团进行了深度对接、洽谈,达成了合作意向,理顺了销售渠道,形成了一系列体制机制,主要目标是融入国家战略,蔬菜产品直供粤港澳大湾区。坚持在土地流转、政策扶持、资金投入等方面给予大力支持,为产业结构调整提供有力的支撑保障。社旗县经过将切实有效的一系列措施落地,已吸引一大批广东菜心基地来社旗投资建场,目前菜心面积已突破 4 万亩。

1. 西蓝薹种植可行性　亚非种业从 2019 年在整个南阳地区布点种植西蓝薹,分播期分品种分茬口多轮试验,最终于 2020 年在南阳社旗生根开花,目前已有 4 个基地稳定发展。种植比较成功的茬口模式有:秋季露地种植模式,7 月育苗,10—12 月上市,适合品种有亚非薹薹、亚非薹薹二号、亚非薹薹四号;秋季冷棚种植模式,8—9 月育苗,1—2 月上市,适合品种有亚非薹薹四号;春季露地模式,1 月育苗,4—5 月上市,适合品种有亚非薹薹、亚非薹薹二号。接下来,将继续验证两个茬口,露地越冬种植模式,有亚非晚熟薹薹,在南阳 2—3 月上市;越冬冷棚种植模式,亚非薹薹四号、亚非薹薹二号,在 3—4 月上市;争取在南阳实现从 10 月—翌年 5 月都有西蓝薹上市。

2. 西蓝薹种植必要性　社旗县蔬菜以大基地、菜心产业集群突出,承接一大批从西北高原专场的广东菜心基地。他们在 8—9 月高原夏菜结束之后,即会聚集在南阳尤其社旗,发展第二批、第三批菜心菜薹,满足 10 月—翌年 5 月的菜心需求,进而实现对粤港澳大湾区菜心等周年供应的目标;不过,菜心、菜薹等品类经过十几年的逐年扩张,面积过大,产区、气候优势已不明显,目前在成本、人工、市场方面都有危机出现。成本方面,化肥、油价、泡沫箱均在高涨,每千克成本比以往会增加 30% 以上;人工方面,由于菜心需要专业的贵州工人采摘,各地如雨后春笋冒出来的大基地经常出现 10 个工人采 1 000 亩基地菜心的场面,导致很多菜心因为得不到及时采摘而开花老化,进一步加剧隐形成本的上升;市场方面,由于菜心种植要求简单,经常出现几个省的菜心菜薹集中上市,导致"你有我也有"的局面,价格经常是在低位震荡,一般在 2~3 元/kg,成本保不住。

西蓝薹品类受种子供应、种子成本、种植习惯等方面的约束,这几年还处于平稳成长阶段,面积还远未出现饱和状态。在这种背景下,从 2020 年 10 月到现在,社旗基地客户每一季收获的西蓝薹价格都比较理想,一般在 10~15 元/kg,偶然能卖到 18~20 元/kg,产值较高,很少出现亏本情况。另外,西蓝薹是一种深受广东、香港的酒店欢迎的菜品,中餐、西餐均可搭配,高档价值立现。这也符合社旗县要求发展高附加值经济作物的战略目标。

(二) 社旗西蓝薹,种销一体化

1. 种植要点,简单高效

(1) 打顶。主枝花蕾生长到直径 5cm 的时候,把侧芽留着,切除主花球。切除的主花球也很香甜,可以食用。值得注意的是有的品种打顶时要把主花球全部摘除,有的品种只需要打一部分,要做到"因种而异"。

(2) 首薹。侧花枝生长成熟后,第一次收获长度在 10~15cm。与青花菜不同,它的茎和花蕾都可以食用。把大的纤维化严重的叶子去除,保留幼嫩叶片,整株的上半部可以采到主茎位置,下半部尽量在留 2 片叶的以上部位采收,以利于次薹的萌发生长。

(3) 采收期追肥。第一次收获后,顺次第二次、第三次的侧枝出来后进行收获。薹会变得越来越细,适度追肥,可以促进出薹,增加产量。

2. 合理轮作，多种模式 社旗县鼓励土地最大化利用，避免出现土地、设备设施闲置浪费现象，因此在积极探索套种、轮作模式。目前关于西蓝薹，发展了比较成熟的轮作模式有两种：一是烟草—西蓝薹轮作模式，3—4月定植烟苗，7月采收烟叶，土地翻耕，8—9月定植西蓝薹苗（亚非薹薹、亚非薹薹二号、亚非薹薹四号），10月—翌年2月上市；二是薹—薹—豆模式，7月育第一批西蓝薹品种（亚非薹薹、亚非薹薹二号），10—12月上市，1月育第二批西蓝薹品种（亚非薹薹、亚非薹薹二号），4月收获。

3. 绿色用肥，水肥一体化

（1）底肥。一般施平衡型复合肥 50kg/亩，另外加入 1kg 硼肥、0.5kg 锌肥均匀撒施并翻耕均匀。

（2）追肥。定植后 10d 左右，已经缓苗后追施尿素 7～8kg/亩；30～35d 追施尿素 10～12kg/亩；现蕾期追施复合肥 2～8kg/亩。

（3）其他管理。期间打药时可以加入磷酸二氢钾或抗病硼砂叶面喷施。除草、松土，这两方面是同时进行的，整个生育期一般 1～2 次。

4. 冷链直达，产值可观 目前社旗 4 个种植西蓝薹的基地中，最多的一户，每年种 300 亩左右（两茬），他们均是原种植广东菜心基地，拥有产地直采、现场加工、冷链运输直达批发市场的能力。武汉亚非种业不仅拥有丰富的西蓝薹品种和丰富的品种规划经验，而且也拥有一些渠道中端、消费终端的资源，积极帮忙引导这些基地和更多的消费对象对接合作。目前社旗西蓝薹不仅销往广东、香港等市场，也销往上海、北京、西安、武汉等市场。市场对西蓝薹的规格有两种需求，一种是长度 15cm 左右的中薹，亩产量 1 200～1 300kg，批发价格在 7～10 元/kg，产值在 8 200～13 000 元/亩；一种是 10cm 左右的小薹，亩产量在 750～850kg，批发价格在 10～16 元/kg，产值在 8 500～13 000 元/亩；由于产值较高，效益和市场稳定，凡是种过亚非西蓝薹的基地，复种的积极性都比较高。

（三）几个角度，几点展望

1. 产业发展，乡村振兴 乡村振兴，关键是产业振兴。各地都在积极引进劳动密集型企业和农业产业化项目，使农村劳动力在家门口就业，实现挣钱顾家两不误。广东菜心收割必须严重依赖贵州工人的专业采摘打包能力,这在一定程度上制约了菜心的发展,浪费了一部分就业机会。而亚非西蓝薹,采摘加工方便,基地可以就近使用本地工人。目前社旗县几个基地,采用计件制模式,多劳多得。按照商品薹1.2~1.4元/kg的工价给工人算工资,工人一天可采60~100kg,工作轻松,干劲很足。这种双赢模式的西蓝薹产业,得到社旗县的重视,被认为是乡村振兴中的可持续发展项目,这两年亚非西蓝薹面积会快速增长到5 000亩以上,未来发展可期。

2. 健康食材,新时代需求　西蓝薹含有丰富的营养成分,维生素含量是普通甘蓝的2倍、番茄的4倍,膳食纤维和胡萝卜素含量也很高。有报告显示,年轻一代对于低糖低脂、有机类的健康食品关注度提升,有77.5%的受访者认识到“控糖、有机”对于健康的重要性;40%的年轻消费者更关注食品的天然有机物,有32%的消费者将营养、健康和增强免疫力作为食品的重要标签;对于年轻人来说,健康养生的需求已经不是中老年消费者的专利,年轻一代也开始注重食品的养生特性。

3. 企业引导,助推潮流　亚非种业一直致力于健康食材的品类推广,10多年前在湖北以及其他市场做了青花菜、有机花菜的市场种植和消费引领,并取得较大突破,推广经验丰富。亚非西蓝薹,在种植端实现了全国各平原地区的品类品种试验、规模种植,并开始尝试在高山地区实现高山夏菜成规模种植,将取得优异成果。在食材消费端,目前在广东市场,西蓝薹的消费已经深入人心;在北京、上海等其他一线、准一线市场,亚非种业积极开拓特菜类、酒店类食材客户,并和开发的种植基地客户分享这些资源,引导西蓝薹高产出、高价值增长;也在积极对接年轻一代的意见,希望他们把西蓝薹纳入“减脂控卡”消费类。

七、浙江临海青花菜—水稻高效种植模式

临海市是浙江省辖县级市,台州市代管。属亚热带季风气候,温暖湿润、四季分明。全年平均气温17.1℃,全年积温5 370℃,无霜期241d,平均蒸发量1 231.4mm,属湿润地区,5—6月为梅雨季节,7—9月以晴天为主,夏秋之交台风活动较频繁。临海地理坐标介于北纬28°40′~29°04′,东

经 120°49′～121°41′。

（一）青花菜种植概况

1. 种植范围　临海青花菜大面积种植主要集中在临海市杜桥、上盘、桃渚等 3 个镇的 190 个建制村,东至上盘镇短株村,南至杜桥镇新湖村,西至杜桥镇洪家村,北至桃渚镇荷花塘村。同时现在面积不断扩大,向北扩大到温岭一带,向南扩大到三门县,目前全年总面积超过 10 万亩。

2. 种植模式　青花菜—水稻模式,水稻种植,3—4 月育苗,4—5 月定植,7—8 月收获上市;青花菜主栽品种为耐寒优秀、美青、国王 11、绿雄 90等,8 月中下旬育苗,9 月中下旬移栽,12 月中旬到 3 月开始收获,主花球收割后还可以收后期分枝的小花球。迟熟的品种主要为亚非三月鲜,收获时期在第二年 3 月。青花菜亩产一般 1 400kg 左右。一般年份青花菜的价格3 元/kg 左右,亩平毛收入 4 200 元左右,青花菜大户种植投入成本为1 400 元/亩,小户自种自收的成本只有 700～800 元,亩平纯收入 3 000 左右。目前亚非三月鲜由于其晚熟特点,属于独特品种,上市时间差异化,越来越多的种植户选择该品种。

（二）存在的问题

1. 熟期　品种大多数为 90～100d 熟期,随着近些年青花菜面积不断扩大,产品由于集中上市导致价格下滑,加工时间过于集中增加了冷库费用和成本。

2. 密度　为了满足市场化需求,种植户普遍喜欢密植,但密植管理水平要求较高,容易发生病害和商品品质下降的风险。

（三）发展规划

1. 适当稳定种植　按照国家宏观政策,统筹协调粮食生产与菜篮子关系,适当稳定面积在 10 万亩。

2. 合理调整上市时间　选择多种熟期类型的品种,比如亚非三月鲜可以填补晚熟的供货窗口,这样能缓解集中上市造成的价格下滑以及加工厂集中加工的压力。

3. 栽培技术创新　筛选出更加适合密植和抗病的优良国产品种,目前,中国农业科学院蔬菜花卉研究所育成的中青 318 具有株型直立、叶片开展中小、低温花球不紫的特点,有望成为潜力品种。

八、云南西蓝薹种植技术及产业规划

云南位于西南地区,省会昆明,东部与贵州、广西为邻,北部与四川接壤,西部与缅甸接壤,南部和老挝、越南毗邻,总面积为 39.41 万 km^2,占国土总面积的 4.1%,地势呈阶梯状逐级下降,为山地高原地形。气候基本属于亚热带和热带季风气候,光照好,适合农业产业的发展。云南茶叶、花卉、坚果、咖啡、中药材、蔬菜等,种植规模在全国前列。云南是我国重要的商品蔬菜主产区,也是全国的南菜北运的基地之一,利用特殊的地理和气候条件,大力发展蔬菜产业。近 30 年的发展,该地区已成为我国重要的冬春和夏秋外销蔬菜生产基地,无论是常规蔬菜甘蓝、白菜、娃娃菜等,还是特色小宗蔬菜,像青花菜、西蓝薹、皱叶菜等,种植面积和出口销量均在逐年增加。

(一) 西蓝薹的种植概况

云南西蓝薹种植发展已有近 8 年的历史,通过这些年的发展,已初具规模,全年播种面积达 2 万多亩,并且逐年稳步增长,主要集中在昆明、陆良、大理等地,均可全年种植,主要种植茬口为早春露地和冷棚(11 月—翌年 2 月育苗)秋露地和秋冷棚(6 月中旬—9 月中旬),其他茬口种植面积比较小,主要种植品种为亚非薹薹、亚非薹薹二号、亚非薹薹四号,目前已逐步形成农户—收菜商—冷库—外地产业链,国内主要供给北京、上海、广州、深圳、成都、武汉、杭州等城市,国外主要出口到泰国、柬埔寨、越南等地。

目前云南产区种植主要以散户和合作社为主,在苗场进行育苗,育苗方式为旱漂育苗和水漂育苗两种方式,采用 160 孔泡沫盘为主,定植在露地或大棚,每亩定植 2 800～3 000 株,定植后 60d 左右采收主花薹,70d 采收第一批侧薹,间隔 1 周到两周采收 1 次,可采收 3 次,采收标准为 30cm,菜商加工到 15～22cm 等不同规格后送到冷库,冷库过冷水后打冰一晚,用泡沫箱进行打包，一箱为 15kg 左右，泡沫箱内放置冰瓶和碎冰进行保鲜，经货车运输到各地，一箱价格一般在 160～200 元，目前，云南西蓝薹亩产量为 1 000kg 左右，市场批发价格平均 10 元/kg，利润非常可观。

（二）存在的问题

云南种植西蓝薹存在的问题主要有 3 点：一是虽然可以全年种植，但雨季的出菜量低，有病害的现象，高温时薹花球易发黄；二是运输和打包成本高，受油价、泡沫箱价格的影响较大；三是疫情和出口量对市场价格造成的冲击和影响较大，价格高低起伏不定，由于采收标准的不同和缺乏行业标准，菜商和冷库都要进行不同程度的加工，标准难以控制，且成本增高。

（三）发展规划

随着国内大健康产业的发展，绿色健康蔬菜会得到大众的青睐。西蓝薹维生素 C 含量高，高营养、口感好，市场需求越来越大，通过亚非种业多年的持续研发，品种类型更加齐全，产量更高，口感更好，抗病性更强，可一次性采收的各种类型产品出来后，分别对应到不同茬口的品种，如春秋两种的亚非薹薹，可一次性采收的亚非薹薹二号，秋冬季产量更高的亚非薹薹四号等。其次在产业链上的推广，如新开发的脱水加工西蓝薹、西蓝薹小零食、蔬食餐厅等，市场用量越来越大，种植效益越来越好，更好地服务于乡村振兴。

第二章　青花菜发展概况

本章对青花菜起源、传播路径,以及国内外发展历程进行追溯,全面分析其限制发展因素,并提出相应的发展对策与措施。

第一节　青花菜的起源与传播

一、青花菜的起源与称谓历史

青花菜(*Brassica oleracea* var. *italica*)又名西蓝花、绿菜花、意大利芥蓝、木立花椰菜等,是十字花科芸薹属甘蓝种的一个变种,以绿色花球为主产品,由野生甘蓝演化而来,一、二年生草本植物。

青花菜起源于欧洲地中海东部沿岸地区,最早的文字记载始见于公元前希腊和罗马文献中,由罗马人将其传入意大利。早在公元 600 年前,希腊人就开始栽培。约在 1490 年,热那亚人将其从地中海东部经塞浦路斯传到意大利,1660 年就有嫩茎花菜和意大利笋菜等称谓,与花椰菜名称相混淆。1701—1778 年瑞典生物学家林奈将青花菜归入花椰菜类,法国也将青花菜视为花椰菜的亚种,直到 1829 年,英国才将黄白色花球的植株称作花椰菜,把主茎和侧枝都能结花球的植株叫青花菜。17 世纪初期青花菜传入德国、法国和英国。19 世纪初由意大利移民带入美国,明治初年后传入日本,1929 年斯维威兹尔将青花菜从花椰菜中分离出来。19 世纪 60 年代以后在日本普遍栽培,已成为主要的特色蔬菜。

二、青花菜的传播

(一)青花菜在国内的传播

19 世纪末清朝光绪年间,青花菜传入我国,但由于产品保存期短,市场消费量小,加上饮食习惯差异,故而栽培面积不大。19世纪末20世纪初,中国台湾地区首先从日本、美国引入青花菜品种,后引入大陆零散种植。由于人们对它了解较少,又缺乏销售渠道,只在郊区小面积种植。改革开放后,随着人们生活水平的提高,青花菜的营养价值和食用方式逐步被人们接受和认同。20世纪80年代初,青花菜在上海、浙江、福建、北京等地引种成功。近年来,青花菜已在广东、山东、江苏、河北、云南、湖北、安徽、江西、甘肃、新疆、宁夏、山西、陕西、河南及东北等地实现了规模化种植。在广东汕头,福建福州,浙江临海,江苏盐城,河北张家口,湖北仙桃、潜江、宜昌,甘肃兰州等地,先后建立了青花菜生产出口基地,目前,浙江省从事青花菜加工与出口的企业就达到20多家。

(二)青花菜在国际的传播

据记载,青花菜原产于欧洲地中海沿岸的意大利地区,1490年前后,意大利人开始种植;17世纪初传入德国、法国和英国等欧洲国家及地区;19世纪初传入美国,在60年代后得到普遍栽培(加州地区等),并成为该国主要大宗蔬菜;随后传入日本,经过第二次世界大战后,日本栽培规模面积和品种数量日益增加,选育出了适合当地气候和地区的不同品种。

第二节　国内外青花菜的发展概况

一、国内青花菜产业发展

(一)青花菜在我国蔬菜生产中的作用与地位

青花菜在我国蔬菜生产中具有重要的作用与地位。首先是出口创汇明显,从农产品需求上来看,出口蔬菜的发展也是举足轻重的,随着我国加入世界贸易组织,粮食、棉花等大田农作物已经没有多少竞争优势,通过大量出口蔬菜等产品,可以为国家换取更多的外汇。其次,可以平衡我国蔬菜生产总量过剩的矛盾,从国内来看,1988年国家实施"菜篮子"工程以来,我国的蔬菜生产得到了迅猛发展,全国蔬菜种植面积和总产量持续增长,2020年全国人均蔬菜年占有量为325kg,是世界人均占有量的3倍多,而国内实际人均年消费量约为180kg,蔬菜已出现饱和甚至过剩的局面,大宗蔬菜已经出现区域性、季节性滞销,价格下滑,菜农收入下降。从世界范围看,我国是蔬菜生产大国,2020年,我国蔬菜种植面积占世界蔬菜种植总面积的36.5%,产量占世界蔬菜总产量的42%。目前,全球蔬菜国际贸易国的蔬菜出口量在国内蔬菜产量的平均占比为6%,而我国的蔬菜出口量只占国内蔬菜生产量的0.7%,远低于世界平均水平。因此,我国发展出口蔬菜的空间很大,通过出口蔬菜可以解决我国蔬菜生产总量过剩的矛盾。

我国部分地区生产的青花菜备受国外消费者青睐,出口数量不断增加,为农民致富提供了新途径。我国青花菜出口地区主要有日韩、欧美、南亚、东南亚等,其中以保鲜青花菜消费量最大,其次是速冻产品。毗邻日韩、南亚、东南亚国家和地区,交通快捷方便,海运运费低,是我国的优势,如大连、青岛、上海、宁波等港口,加上现在食品保鲜技术的提高和先进设备的利用,我国青花菜在国外上市时仍然能保持很好的新鲜度和国际竞争力。根据日本等国际市场数据,青花菜国外出口市场基本上是周年均衡的,其最大需求窗口期在每年的4—10月,目前这个季节市场已被新西兰、美国等控制,价格较高,我国有大量的山区和大棚设施,自然气候和环境条件十分优越,很适宜青花菜栽培,通过选择适宜的品种、配套栽培技术,完全可以在4—10月生产出优质青花菜,加上区位优势、劳动力优势以及交通港口优势,完全可以参与国际竞争,打入国际市场。目前,我国的高原夏菜,如河北张家口地区、甘肃和内蒙古地区的青花菜填补了7—10月的市场空缺,近10年出口量呈增加和稳定趋势。

(二)青花菜的发展前景

目前,我国青花菜种植面积不断扩大,市场上销售数量不断增加。过去,青花菜极不耐贮藏,尤其春季采收后2~3d即萎缩、变黄,甚至开花。现在,我国已经培育出耐贮的青花菜,即使在常温下放置30d(冷库条件下),这种青花菜也像刚采摘下来时一样新鲜。过去,种植青花菜全部依靠进口种子,目前,我国主要的青花菜育种科研院所(中国农业科学院蔬菜花卉研究所、浙江省农业科学院蔬菜所等),以及一些优势企业已研发培育出一批优良品种,其中作为企业代表"武汉亚非种业"已培育出早、中、晚熟系列的青花菜新品种,且得以规模化推广。

当前,我国青花菜产业的生产目标要建立高质量的行业标准,特别是卫生检疫标准要达到出口的要求,才能满足不同国家和不同客商对产品的要求。同时,科研人员与企业应加强宣传和引导消费,不断扩大国内消费市场,壮大产业影响力和扩大市场潜力。

(三) 存在的问题及发展对策

近年来,青花菜在国内市场的消费量虽然增长速度较快,但是与其他大宗蔬菜相比,消费数量仍然很小,主要还是供应一些大型超市(连锁店等)、宾馆和饭店,对于普通百姓来说购买量仍不够普遍。

究其原因,一是现在国内消费者对于青花菜的营养价值、保健功能缺乏了解;二是青花菜作为一种特色蔬菜,在国内市场的价格偏高,普通老百姓接受度不够,大多数消费者还只是在尝鲜的心态下购买青花菜。三是青花菜的烹饪方法较为单一,主要是焯水凉拌或再炒,像一些新鲜的吃法和西餐吃法尚未普及,如水饺、比萨、沙拉、面点、烧烤等做法鲜有见闻和普及。

针对上述问题,我们要充分发挥多媒体的宣传和引导作用,科学普及,合理引导,依靠政府及相关部门、行业协会的职能,不断扩大青花菜的行业影响力和社会认知度,让更多消费者了解青花菜的营养、烹调方法及药用保健价值,刺激人们的购买和消费欲望。当然,国内的市场需求量不可能迅速增长,人们的消费必定有一个逐渐增多的过程,因此农户种植前,先要自己或通过相关的组织协会做好市场调研,充分了解市场需求,确定有市场销路后,才能进行适量种植,而后逐渐扩大生产面积。

二、国外青花菜生产概况

联合国粮食及农业组织(FAO)统计数据表明,全世界花椰菜和青花菜生产,2000 年种植面积为 848 184hm²,总产量 15 967 406t;2010 年种植面积为 1 152 063hm²,总产量 21 264 596t;2020 年种植面积为 1 357 186hm²,总产量 25 531 271t,其中青花菜的比例占 30% 以上(表 2-1)。青花菜是名副其实的"富贵花",20 世纪 90 年代以前,主要在西方发达国家生产和消费。

表 2-1　2000、2010、2020 年世界及各大洲花椰菜和青花菜生产概况

年份	全世界		亚洲		欧洲		美洲		非洲		大洋洲	
	面积(万 hm²)	总产量(万 t)	面积(万 hm²)	总产量(万 t)	面积(万 hm²)	总产量(万 t)	面积(万 hm²)	总产量(万 t)	面积(万 hm²)	总产量(万 t)	面积(万 hm²)	总产量(万 t)
2000	84.9	1 597	56.2	1 142	14.5	243	11.6	172	1.2	22	1.4	17
2010	115.2	2 127	86.1	1 649	14.0	239	12.2	191	1.6	31	1.3	16
2020	135.7	2 553	104.9	2 008	14.2	243	13.5	242	1.9	45	1.2	16
占世界比例(%)	—	—	77.3	78.6	10.5	9.5	9.9	9.5	1.4	1.8	0.9	0.6

注:资料来源于 2021 年联合国粮食及农业组织(FAO)统计数据。

意大利是全球花椰菜和青花菜产量最大的五个国家之一,主产区包括普利亚、西西里、坎帕尼亚、卡拉布里亚、马尔凯、威尼托大和拉齐奥,2010—2014 年的年平均产量约为 40 万 t,种植周期为 50～200d,具体时间长短因品种而异。青花菜主要以 8 月至翌年 3 月种植,也有较早熟的品种,东欧国家曾是意大利的一大客户。

法国生产的花椰菜和青花菜主要以国内消费为主,少部分出口至斯坎的纳维亚半岛和爱尔兰。

西班牙是欧洲的主要出口国,主要出口到葡萄牙、意大利和阿联酋等国家,近些年,国内的青花菜消费量也越来越大,即使现在许多国家都有青花菜的种植,该国仍保持了出口。

波兰的花椰菜和青花菜是一种传统农产品,青花菜日渐立稳脚跟且备受青睐,20 世纪初,青花菜取代花椰菜成为最主要的花菜农产品。

以色列的青花菜市场较为稳定,花椰菜和青花菜种植面积也较为稳

定,约 2 500hm²,其中青花菜的种植面积 1 000hm²,几乎全部用于其国内消费。

墨西哥的青花菜产业不断壮大,在本国与美国都有很大竞争性,大量的青花菜出口至美国、加拿大。其青花菜在数字产业的业务不断增长,还推出了新的数字产业组合,今后几年市场将持续增长。

第三节　国内青花菜主要生产区域

全国青花菜可分为 6 个主产区:东北、华北、西北、华中、东南、西南,总面积达到 150 多万亩。

一、根据行政区域划分

(一)东北主产区

该区域包括黑龙江、吉林、辽宁、内蒙古等四省(区),种植面积约 6 万亩,主要集中在内蒙古和辽宁省,品种以坂田系列、亚非系列为主。春季种植,3 月播种,上市时间 6—7 月;夏秋季种植,6 月播种,上市时间 9—10 月。

(二)华北主产区

该区域包括北京、天津、河北、山东、山西等五省(市),种植面积约 28 万亩,主要集中在河北、山东等省,品种以坂田系列、亚非系列、中青系列为主。春夏季种植,3—4 月播种,上市时间 7—8 月;秋季播种,6—7 月播种,上市时间 10—11 月。

(三)西北主产区

该区域包括陕西、甘肃、青海、宁夏、新疆等五省(区),种植面积约 25 万亩,主要集中在甘肃、青海、宁夏等省(区),品种以坂田系列、亚非系列、中青系列为主。春夏季种植,4—5 月播种,上市时间 7—9 月。

(四)华中主产区

该区域包括河南、湖北、湖南、安徽、江西等五省,种植面积约 20 万亩,主要集中在河南、湖北、江西等省,品种以坂田系列、亚非系列为主。冬季种植,11月播种,上市时间4—5月;秋季种植,7—8月播种,上市时间11月—翌年2月。

(五) 东南主产区

该区域包括浙江、江苏、福建、广东、广西等五省(区),种植面积约30万亩,主要集中在浙江、江苏、福建等省,品种以坂田系列、台绿系列、亚非系列为主。冬季种植,12月播种,上市时间4月;秋季种植,7—8月播种,上市时间11月—翌年3月。

(六) 西南主产区

该区域包括四川、贵州、云南、重庆等三省(市),种植面积约45万亩,主要集中在云南、四川等省,品种以坂田系列、圣尼斯系列、美奥系列、先正达系列为主。春夏季种植,1—5月播种,上市时间5—9月;秋冬季播种,7—10月播种,上市时间11月—翌年4月。

二、根据播种季节划分

(一) 春播区

青花菜春播区域主要分布在云南,包括昆明、玉溪、通海、陆良等地区。该地区四季如春,适合青花菜的生长,云南复种的青花菜面积达40万亩,占全国总面积的27%。春季种植,1—4月播种,采收时间5—8月。

1. 品种选择 云南春播茬口的品种有坂田系列、鼎丰系列、圣尼斯系列品种。该茬口适应抗热品种,在夏季上市时,要求花球紧实、花粒细、球形好,并且抗病性好,在6—8月,高温高湿条件下,没有特别严重的病害。

2. 育苗方式 育苗方式一般分为两种,旱漂育苗和水漂育苗。旱漂育苗,即穴盘育苗,采用160孔、128孔的泡沫盘,在育苗棚,放在架子上,不贴地面的全自动化灌溉装置,保湿、保温性好;水漂育苗,采用泡沫盘,播种后,放在水池里进行培养,成本较低,但容易造成病菌滋生。

3. 种植方式 春季以起垄种植为主,铺上地膜,人工进行定植。每亩种植密度为2 700株,株行距为45cm×55cm。

4. 产量产值　春季青花菜,单球产量一般在 0.5kg,可以国内销售,也可以用于出口。茬口特殊,一般在 5—6 月,单价能达到 8 元/kg,1 亩产值达到 10 000 元,扣除成本,纯收入能达到 8 000 元以上。

5. 未来展望　春播青花菜主产区——云南具有独特的地理优势和气候资源,可以进行快捷的出口贸易,如出口越南、泰国、柬埔寨等。在春季时,云南可以大量上市高质量的青花菜,填补全国生产短板,多种优势叠加起来,相信在 5 年内,种植总面积可以从 35 万亩扩增至 50 万亩。

(二) 夏播区

青花菜夏播区主要分布在北温带高海拔地区,如河北、内蒙古、山西、甘肃、青海、宁夏,位于北纬 $35°17'\sim45°24'$,海拔 1 000~2 000m。该地区日照时间长,夏季气候凉爽,昼夜温差大,光照充足,土质以壤土和砂壤土为主,属于干旱或半干旱地区,特别适宜青花菜生长。

1. 品种选择　主栽品种有坂田系列、中青系列、亚非系列、台绿系列等,3—6 月播种,可以满足 6—11 月市场鲜菜需求。高海拔气候寒冷地区,宜选用耐寒优秀、中青 15、中青 518、亚非绿宝盆 65、台绿 3 号等。

2. 育苗方式　以基质育苗移栽方式为主,包括 72 孔、96 孔塑料穴盘育苗、160 孔泡沫穴盘育苗。

3. 种植方式　大田定植主要是起垄、平厢两种,株行距为 35cm×60cm、每亩种植密度为 3 100~3 200 株。

4. 产量产值　密植早熟类型品种的单球产量一般在 0.3~0.4kg,平均亩产 1 200kg;普通中熟类型品种,如亚非绿宝盆 65、亚非成功 70、中青 15、中青 16 号等,单球产量一般在 0.5~0.6kg,平均亩产 1 150kg。近年来,青花菜种植面积增长,产量基本饱和,地头收购价格阶段性波动较大,单价 3 元/kg 左右,1 亩产值达到 3 600 元,扣除种子、肥料、地租及管理等成本,纯收入能达到 950 元以上。

5. 未来展望　夏播区作为全国夏季青花菜的主要供应区域之一,承载着全国夏季 80% 的青花菜供应保障,该时期气候冷凉,病虫害发生轻,特别适宜青花菜的生长和绿色生产。由于西北相对干旱、淡水资源匮乏等限制性因素,预计未来夏播区青花菜种植总面积会稳定在 30 万亩。

（三）秋播区

青花菜秋播区主要分布在湖北、湖南、浙江、江苏、福建、山东、山西、河南、安徽等省份。在长江流域及黄淮海地区已出现规模化种植，该区域四季分明、地形多样，从北方到南方，6—8月播种，可以满足10月—翌年3月市场鲜菜需求。

1. **品种选择**   主栽品种有台绿系列、亚非系列、国王系列、日本坂田系列等。耐热品种目前比较稀缺，仍以炎秀为主，中国农业科学院蔬菜花卉研究所育成的中青512、中青15已在江苏、山东、陕西、河南、浙江等地进行了品种试验，表现出较强的耐热不枯蕾、球色蓝绿和抗逆性，有望进一步示范推广。从市场上来看，以颜色深绿、花球紧实、籽粒细密、抗病性强的耐寒、越冬品种为主流；从生育期来看，60～180d似乎更受欢迎，其中以武汉亚非种业素有"百岁老人"称号的亚非三月鲜为代表，可在翌年3月满足市场供应。

2. **育苗方式**   秋播区域跨度较大，不同地方育苗方式存在差异。主要分为3种：撒播育苗、水漂育苗和穴盘基质育苗。其中，撒播育苗受气候影响较大，不稳定；水漂育苗采用200孔穴盘，对水温环节掌控要求较高，在长江流域不常见；穴盘基质育苗是主流育苗方式，包括有72孔、105孔、128孔等类型，常见用105孔穴盘。不仅能节省种植成本，而且便于后期田间管理，更适用于各大产区的基地。

3. **种植方式**   有宽厢/起垄、露地/地膜/大棚、漫灌/滴灌，根据品种特性以及市场需要可以适当密植或稀植，每亩种植密度为2 700株，株行距为45cm×55cm。

4. **产量产值**   日本坂田系列的品种平均亩产为1 250kg；亚非系列品种，平均亩产则为1 750kg，产量较国外品种提升30%以上，优势明显。在秋播区域，收购单价一般不低于3元/kg，亩产效益达到3 000元以上。受厄尔尼诺事件影响，2021年7—9月华北地区遭受多轮强降雨影响，而长江流域则持续2个多月高温干旱，导致11月上中旬青花菜大范围减产或延后上市，持续20d的时间内青花菜价位居高不下，地头收购价一度高达14元/kg，亩产过万元的效益屡见不鲜，是产品的高利润窗口期。

5. 未来展望　目前,秋播区域种植面积达到 60 多万亩,预计未来 5 年,将达到 70 万~80 万亩。市场需求变化趋势在于 4 点,一是受气候变化以及部分产区连作影响,需要抗黑腐病、根肿病能力较强的品种以及合理的种植技术作为辅助;二是受人工成本上涨、劳动力老龄化影响,需要机器播种、机器采收的高秆青花菜品种作为补充;三是鲜食到加工链生产规模需要扩大,深加工渠道需要逐步完善,除了青花菜主花球可食用,其根茎叶也具有很大的市场开发前景,如叶片做霉干菜和半脱水蔬菜等;四是青花菜提取物质"萝卜硫苷"和"莱菔硫烷"(萝卜硫素)的医学功效和市场开发需加大投入和研发力度。

(四) 冬播区

青花菜冬播区主要分布在两大区域,一是江苏、浙江、陕西、河南等属于长江流域和淮河流域,有一定规模,该地区季节分明、光照充足,主要集中在 12 月播种,一般收获期较长,春季由于气温高,上市时间主要集中在 4—5 月。二是广东、福建南部、广西南部,该地区属于亚热带季风气候,夏热冬温,年均温度常在 22℃以上。

1. 品种选择　江苏、浙江、陕西、河南等省,主栽品种以亚非系列、日本坂田系列为主。从市场上来看,以颜色深绿、花球紧实、籽粒细密、抗病性强的耐寒优秀和耐热的炎秀为主。中国农业科学院蔬菜花卉研究所育成的耐抽薹、耐热和抗逆性强的中青 15 和中青 512 等有望成为替代品种,提升国产化水平和市场占有率。目前,广东、福建和广西市场上,抗热品种稀缺、育种进度慢。常见以亚非大头娃系列、日本坂田系列为主,从市场上看,以早熟、颜色蓝绿、花球高圆紧实、蕾粒中细、茎秆细(中)和抗病性强的品种更受欢迎。

2. 育苗方式　江苏、浙江北部、陕西、河南南部地区,冬播时气温较低,一般采用大棚穴盘育苗,为主流育苗方式。穴盘包括 72 孔、100 孔、128 孔等类型,常用 100 孔穴盘育苗;广东、福建南部、广西南部。该地区冬播时气温较高,在高温条件下,对育苗技术要求也较严格,部分种植户会选择和育苗场进行合作,常以 108 孔穴盘为主。

3. 种植方式　江苏、浙江北部、陕西、河南南部,有宽厢/起垄、大棚/

小拱棚/露地、只有浙江地区是露地或覆地膜栽培,其他地方多为大棚或小拱棚,根据品种特性以及市场需要可适当密植或稀植。广东、福建南部、广西南部,以露地起垄双行种植为主,每亩种植密度为 2 500～3 500 株,株行距为(35～40)cm×(55～60)cm。

4. 产量产值 江苏、浙江、陕西、河南等省,主要以人工采收为主,同等管理水平下,不同的品种,如按每亩 45cm×55cm 的种植密度,每亩定植 2 700 株计算,日本坂田系列的品种亩产量在 1 300kg 左右,而亚非系列品种亩产量则可以达到 1 750kg 左右。目前来看,青花菜的种植成本在 1 500 元/亩,收购单价一般不低于 4 元/kg,亩产效益基本在 3 000～6 000 元。在特殊年份也有较大的差异,冬播主要在于抢早上市,一般 4 月属于全国青花菜上市淡季,越早上市,价格越高。广东、福建、广西等省(区),在正常管理水平下,日本坂田的炎秀品种,按每亩定植 2 500～2 700 株计算,亩产量在 1 200～1 300kg;亚非大头娃,亩产量则可以达到 1 500～1 650kg,市场收购单价一般不低于 4 元/kg。由于,东南沿海地租、人工、农资等成本普遍偏高,综合下来,扣除每亩成本 2 000～2 500 元,亩产效益在 2 500～5 500 元。

5. 未来展望 根据不同地域的市场需求,细分市场竞争和供应链上下游资源整合。目前,冬播区播种面积为 23 万多亩,预计未来 5 年,将达到 30 多万亩。在新型市场上,消费者将从最初的基础温饱需求,转化为多元化健康标准需求。例如,家庭阳台蔬菜新宠——青花菜芽苗菜、女士皮肤保养的新选择——青花菜中提取物化妆品等一系时尚多元产品,必将掀起一阵热潮。

第三章　青花菜品种选育与推广

最早在欧洲通过人工选择成为特色品种的青花菜,是甘蓝种的一个变种。意大利、英国、法国、荷兰、日本等国先后开展了青花菜新品种育种工作,特别是日本发展较快。中国从 20 世纪 80 年代开始青花菜育种,尤其是 2018 年,建立"国家西蓝花良种重大科研联合攻关组"以来,加强了青花菜育种力度,促进了新品种选育速度,到 2020 年已育成了 30 多个新品种,推广面积超过 30 多万亩。

第一节　青花菜育种概况

一、国内青花菜育种进展

(一)国外青花菜品种引进试种

19 世纪末或 20 世纪初,青花菜传入中国时,仅在香港、广东、台湾等地种植。20 世纪 80 年代初,开始作为特色蔬菜在福建、上海、北京、云南等地引种成功,并逐渐被人们广泛食用。这个阶段从日本引进的早熟青花菜一代杂交品种里绿、绿惠星、东京绿和中熟品种绿岭以及自韩国引进的中熟品种绿秀等在国内较为广泛种植。

(二)青花菜杂种优势利用与新品种选育

1986—1995 年,"青花菜新品种选育"被列为原农业部"七五"(1986—1990)、"八五"(1991—1995)重点科技研究项目,"七五"期间中国农业科学院蔬菜花卉研究所与北京市农林科学院蔬菜中心合作,完成了农业部重点科技研究项目"青花菜新品种选育"专题。利用各种途径引进鉴定资源材料 600 多份,先后育成 11 份优良的自交不亲和系,并用于配制杂交种,在国内首批育成了中青 1 号、中青 2 号、碧松、碧衫等青花菜杂交一代新品种。

　　"八五"期间,在中国农业科学院蔬菜花卉研究所的主持下,与北京市农林科学院蔬菜中心、上海市农业科学院园艺研究所、深圳市农科中心蔬菜研究所等单位联合进行攻关,在从国外引进的一批新的青花菜种质资源(主要是杂交种)的基础上,重点开展了青花菜自交不亲和系与雄性不育系的选育和研究,经过多代自交、回交和定向选择,获得了一批优良的自交系不亲和系与雄性不育系,并用于配制杂交组合,育成了中青 3 号、上海 2 号、碧秋、早青等青花菜杂交一代新品种。

　　"十一五"和"十三五"期间,以中国农业科学院蔬菜花卉研究所为首的科研单位先后育成了不同系列的国产青花菜新品种,并得以规模化推广。中国农业科学院蔬菜花卉研究所育成的中青系列新品种中,中青 8 号、中青 9 号(绿奇)、中青 10 号、中青 11 号、中青 12 号、中青 16 号(图 3-1)等均实现了区域种植。2008—2014 年,团队利用雄性不育技术育成的杂交种(DGMS F1)中青 9 号(图 3-2),由于品质好、产量高,在兰州得以快速规模化推广,当地将其命名为绿奇,每亩比对照品种(日本坂田)增收约 700 元,给当地农民带来直接经济效益超 2 亿元,使得其在甘肃兰州大面积推广种植,最高时约占该地区青花菜栽培面积的 85% 以上,取代了日本进口品种绿岭和万绿 320,成为我国第一个打破国外青花菜种子垄断的典型案例。

图 3-1　中青 16 号在山东潍坊实现规模化种植(2020)

图 3-2　中青 9 号(绿奇)在兰州实现规模化种植和冷库贮藏(2013—2014)

同时,武汉亚非种业有限公司育成了亚非三月鲜、亚非大头娃75(图3-3)、亚非绿宝盆65、亚非成功70等中晚熟系列新品种;天津科润农业科技股份有限公司(原天津市蔬菜研究所)育成了领秀4号、领秀5号等"领秀"系列新品种;北京市农林科学院蔬菜所育成了碧绿2号、碧绿3号等"碧绿"系列新品种;上海市农业科学院园艺研究所育成了沪绿2号、沪绿3号等"沪绿"系列新品种;浙江省农业科学院蔬菜所育成了浙青60、浙青80等"浙青"系列新品种;江苏省农业科学院蔬菜所育成了苏青3号、苏青8号等"苏青"系列新品种,此外地方农业科学院,如台州市农业科学院蔬菜所育成了台绿1号、台绿3号等"台绿"系列新品种,国产品种在"十三五"期间实现了规模化推广和进口替代,至2020年,青花菜国产自主率由2010年的不足5%提升至15%,开始打破国外对我国种业的垄断局面。育种企业以武汉亚非种业有限公司、浙江美之奥种业股份有限公司、天津惠尔稼种业科技有限公司等为典型代表,分别育成了"亚非"、"美奥"和"青城"系列,其中亚非系列青花菜新品种覆盖区域最广,西北、东北、华北、西南、长江流域等均有种植;"美奥"系列主要集中在浙江台州地区;"青城"系列主要集中在甘肃、江苏、山东、云南等地,这些地方龙头企业为我国的种业振兴贡献了重要力量。

图3-3 亚非大头娃75在湖北荆州石首市大面积种植(2021)

（三）青花菜抗病新品种选育

20 世纪 90 年代中后期以来,随着青花菜栽培面积的不断扩大,病害对青花菜的危害日益严重,在病害流行年,秋季种植青花菜病毒病、黑腐病发病株率达 30%～50%,严重地块达 80%以上。近年来,根肿病的发生也严重影响青花菜的正常生长,严重地块导致绝收。遏制病害日益严重,促进青花菜产业发展,成为一个亟待解决的问题。为此,"青花菜新品种选育"先后被列为农业部"九五"(1996—2000)重点科技研究项目和现代农业产业技术体系"十一五"至"十三五"(2006—2020)研究内容。"青花菜种质资源的引进、创新和利用"列入农业部"948"和"十一五"、"十二五"科技支撑计划等相关课题的研究内容。此外,青花菜新品种的选育也被上海、浙江、北京、天津等省份列为重点研究课题。

在中国农业科学院蔬菜花卉研究所,以及北京、上海、深圳、江苏、浙江、天津、厦门等省市农业科学院的共同努力下,建立了青花菜抗病毒病、黑腐病、根肿病的苗期人工接种鉴定方法和标准,青花菜耐贮性的鉴定方法和标准。创制出了抗病毒病兼抗耐黑腐病和耐根肿病的青花菜抗原材料 10 余份;育成中青 3 号、中青 7 号、碧秋、圳青 1 号、上海 2 号、中青 8 号、中青 9 号、闽绿 1 号等优质、抗病青花菜一代杂交种。

（四）优质青花菜新品种选育

21 世纪以来,利用生物技术与常规育种相结合方式,育成了中青 10 号、中青 11、中青 12、台绿 1 号、绿海等优质青花菜新品种,均为雄性不育杂交种,不仅在抗病性、丰产性上表现优势,同时在外观品质和营养品质上更加独特,花球浓绿、花蕾细、主茎实心、口感好。另外,小孢子培养、分子标记辅助育种在青花菜育种中成功应用,显著地提高了青花菜的育种效率。

特别是,中国农业科学院蔬菜花卉研究所建立了青花菜小孢子培养技术体系,利用该体系育成了多个 DH 群体,并成功用于青花菜花球夹叶、球色、主花球茎空心和莱菔硫烷含量等重要性状的遗传和分子标记的研究及新品种的选育。目前,中国农业科学院蔬菜花卉研究所在雄性不育利用、小孢子培养、病害和品质鉴定技术、重要性状解析等方面取得了快速发展，并在国内率先建立了青花菜根肿病和霜霉病鉴定技术，系统构建了不同器官中莱菔硫烷含量定性定量分析技术，首次利用基因编辑技术解析了青花菜油叶突变体的功能基因 *BoGL5* 及其作用机制并获得了可利用材料，利用重测序、转录组和基因组等技术最先阐明了 Ogura-CMS 类型青花菜由于线粒体亚基 $atp8$ 超表达引发了基因嵌合造成了育性丧失的分子机理，基于青花菜永久 DH 群体（176 份）最先在国内外对重要性状株型、莱菔硫烷含量等进行了 QTL 定位和深入研究，挖掘并最先开展青花菜中有益硫甙 GRA 关键调控基因 *FMOgs-ox5* 的两个同源拷贝进行功能分析和调控机制研究等，带动了国内青花菜科研与产业的发展壮大，发表科研论文 100 余篇，其中 SCI 文章 40 余篇，极大提升了我国青花菜在国际上的科研地位和水平，同时，利用这些育种技术选育出优良中青系列新品种 11 个，其中中青 8 号、中青 9 号（绿奇）、中青 11 号、中青 12 号、中青 16 号（图 3-4）等累计推广面积超 35 万亩，为国产化提升和打好"种业翻身仗"做出了重要贡献，带动了国内科研优势单位不断实现技术更新。

图 3-4　中青 16 号在浙江西蓝花大会上获得"优秀品种"和国内同行开展联合攻关（2018—2020）

二、国外青花菜育种进展

青花菜是由野生甘蓝演化而来,其野生种主要分布于地中海沿岸,大约在公元9世纪,一些不结球的野生甘蓝经过长期的人工栽培和选择,衍生出甘蓝蔬菜的各个变种,其中包括青花菜变种。13世纪以来,一些类型在欧洲通过人工选择成为适应当地消费和具有地方特色的品种,在英国、意大利、法国、荷兰等国家广为种植。19世纪传入美国,后传到日本,20世纪50年代起,英国、意大利、法国、荷兰、日本等国先后开展了青花菜新品种育种工作,特别是日本发展较快,逐渐成为日本一种主要的蔬菜。20世纪50—60年代,日本遗传育种家伊藤庄次郎(1954)和治田辰夫(1962),在开展十字花科蔬菜的自交不亲和系选育和遗传基础研究的基础上,确立了利用自交不亲和系配制十字花科蔬菜杂种一代的技术途径。此后,对青花菜类蔬菜的特性、类型和栽培方法进行了研究和探讨,进一步改良品种和培育新的优良品种。到20世纪90年代初,已见报道日本育成的青花菜品种有54个,这些品种中除中绿早生外,其他均为杂种一代。这些优良品种种子不仅供应日本国内市场,还用于出口。20世纪90年代初,中国、美国等国家栽培的青花菜80%以上的种子来源于日本。

许多国家在研究自交不亲和系制种,还十分重视雄性不育系的研究。1992年,康奈尔大学采用原生质体,非对称融合的方法,初步获得改良的萝卜胞质雄性不育材料,但该材料植株密腺不发达,雌蕊畸形结实不良,导致不能利用。20世纪90年代后期,美国继续采用原生质体非对称融合的方法,得到具较好的雌性器官和良好的配合力的新型改良甘蓝胞质不育系材料,并转育到青花菜中,21世纪初才逐步在青花菜育种上应用。目前,日本泷井、坂田,以及先正达(原)、必久、利马格兰等国外大型种子公司都有强大育种科研实力和市场营销能力,并针对世界各国不同生态条件,利用胞质雄性不育系和自交不亲和系开展青花菜育种,已育成的一批优良青花菜品种,如优秀、炎秀、耐寒优秀、幸运、阳光、绿雄90、喜鹊、强汉等,已在世界许多国家进行推广种植。

三、青花菜品种培育发展趋势

(一) 培育适于规模化生产基地的耐贮运的新品种

青花菜规模化生产基地主要分布河北省张北、沽源,浙江省临海、宁波、慈溪,甘肃省兰州,云南省通海、玉溪、江川,江苏省盐城,山东省莱西、泰安,陕西省太白,湖北省荆州、仙桃、潜江、枝江,河南省新野等地区,这些地区的生产基地大都采用"公司＋农户"的产销方式,即农户生产,公司收购,需要远距离市场运输。因此,要求耐贮运的新品种。

(二) 培育适于春、秋、越夏、秋冬不同季节栽培的新品种

我国大部分地区一年一般种两茬,即春季和秋季种植青花菜,春季种植的品种要求耐散球、耐抽薹(早花),秋季种植的品种要求耐热、耐雨水,抗病性强。一些高寒地区进行青花菜越夏栽培,如河北省张北、陕西省太白、湖北省恩施等地要求优质、早中熟青花菜品种,以供应夏秋季蔬菜淡季市场。一些可以露地越冬栽培的地方,如浙江省临海,湖北省荆州、仙桃、嘉鱼,河南省南部,广东省,福建省等地进行越冬栽培,要求耐寒、花球紧密、抗病性好的中晚熟品种。云南可以周年种植的青花菜,要求适应性广的不同熟性的新品种。

(三) 培育适于出口加工的新品种

青花菜除供应国内市场外,部分鲜菜及脱水加工菜还出口到东南亚、欧洲及俄罗斯、日本等国家和地区。因此,在青花菜的球形美观、花球浓绿、花蕾细、主花球茎实心等商品品质要求更高。

(四) 培育优质、特殊营养成分含量高的新品种

研究发现,莱菔硫烷是迄今为止在蔬菜中发现的抗癌活性最强的有效成分之一,莱菔硫烷能够通过抑制体内 I 相解毒酶的表达和诱导体 II 相解毒酶的表达来间接消除致癌物和自由基,并将致癌物质排出体外。研究发现莱菔硫烷能够在肿瘤的形成期、生育期和成熟期等各阶段发挥细胞阻滞和诱导细胞凋亡的作用,从而能够降低多种癌症,如胃癌、肺癌、肝癌、乳腺

癌、前列腺癌等的发生。因此,培育出莱菔硫烷和维生素 C 含量高的青花菜新品种,也是当前研究的热点。

(五) 不同类型品种的育种目标

品质一直是青花菜育种非常重要的目标,在注重品质育种的同时,还要兼顾高产、抗病、抗逆、耐贮等特性。

1. **春季种植的青花菜品种**　南北方露地春季种植的青花菜,一般 1—2 月上中旬播种,3—4 月定植,5—6 月收获。主要育种目标是花球浓绿,球形高圆或半高圆,主花球茎实心,球内无荚叶,前期耐寒性好,后期耐热性强,耐抽薹(早花)。

2. **秋季种植的青花菜品种**　南北方露地秋季种植的青花菜,一般 6—7 月下旬播种,7—8 月定植,10—12 月收获。主要育种目标是花球浓绿,球形高圆或半高圆,主花球茎实心,球内无荚叶,前期耐热性好,后期耐寒性强,抗病毒病、黑腐病、霜霉病和根肿病,耐贮运。

3. **越冬种植的青花菜品种**　南方露地秋冬季种植的青花菜,一般 8—9 月下旬播种,9—10 月定植,12 月至翌年 1—2 月收获。主要育种目标是花球浓绿,低温球色不变紫,球形高圆或半高圆,主花球茎实心,球内无荚叶,耐寒性强,抗病毒病、黑腐病、霜霉病、菌核病和根肿病,耐雨水,耐贮运。

第二节　青花菜品种类型及代表品种

一、青花菜品种分类

青花菜品种分类方法主要包括植物学分类、花球形状分类、栽培季节分类、生育期分类。

(一) 按植物学分类

青花菜的植株形态和花球的颜色都有明显差异,按照植株形态和花球的颜色来分,青花菜有青花、紫花、黄绿花三种类型。基于紫花菜和青花菜亲缘相近,认为青花菜是从紫花菜颜色发生突变而来。大多数文献把花椰菜类蔬菜定为甘蓝种的两个变种,即花椰菜变种和青花菜变种,紫花菜也被归类于青花菜变种内。孙德岭等采用分子标记技术研究了花椰菜类蔬菜基因组亲缘关系,结果表明,白、绿、紫、黄四种颜色的花椰菜遗传同源性较高,亲缘关系较近,尽管紫花菜与青花菜表现出较近的亲缘关系,但他们基因组各自独立聚为一个亚群,认为紫花菜在分类地位上应与青花菜和花椰菜一样,应把它列为独立的变种更为合理。关于青花、紫花、黄绿花三种类型之间进化关系研究报道较少,还缺乏充足的依据,仍需要做进一步的研究和探讨。

1. **青花类型** 叶缘多具缺刻,叶身下端的叶柄处多有下延的齿状裂叶,叶柄较长。主茎顶端的花球为分化完全的花蕾组成的青绿花蕾群与肉质花茎和小花梗组合而成,花球颜色有浅绿、绿、深绿、灰绿等。叶腋的芽较活跃,主茎顶端的花球一经摘除,叶腋便生出侧枝,而侧枝顶端又生小花蕾群,可多次采摘。该类型是世界各国栽培最普遍、面积最大的一种。

2. **紫花类型** 叶缘多无缺刻,叶身下端的叶柄处一般无裂叶,叶柄中等长,茎、叶脉多为紫色或浅紫色。花球是肉质花茎、花梗及紫色花蕾群所组成,花球表面颜色有浅红、紫红、深紫和灰紫等色。该类型栽培面积较少。

3. **黄绿花类型** 叶缘有缺刻或无缺刻,叶身下端的叶柄处有裂叶或无裂叶,叶柄较长,花球是由肉质花茎、花梗及黄绿色花蕾群所组成。花球呈宝塔形,花球表面颜色有浅黄、黄绿和黄等色。该类型栽培面积很少。

(二) 按花球形状分类

一般可分为半圆球形、扁圆球形、扁平球形和宝塔形(尖形)四种类型。

1. **半圆球类型** 花球高圆球形或半圆球形,花球紧实、圆正,花球表面平整,花蕾紧密,蕾粒细,主花球横茎与纵茎基本相似,茎秆粗,单球重,品质好。这类品种多表现为中熟、中晚熟和晚熟,代表品种有亚非绿宝盆65、亚非绿宝石80、亚非95、亚非大头娃75、亚非绿宝盆70、亚非三月鲜、中青8号、中青10号、中青12号、绿宝2号、优秀、耐寒优秀、蔓陀绿等。

2. **扁圆球类型** 花球扁圆球形,花球紧实,较圆正,花球表面平整,花蕾较紧密,主花球横茎中等,单球较重,品质较好。这类品种多表现为中早熟、中熟和中晚熟,代表品种有马拉松、玉皇、绿秀、中青2号、上海2号等。

3. 扁平球类型 花球扁平形，花球不紧实、不太圆正，花球表面较平整或不平整，花蕾不紧密，主花球横茎较大，纵茎小，球不厚，品质一般。这类品种多表现为早熟、中早熟和中熟，代表品种有里绿、万绿320、玉冠青花菜等。

4. 宝塔类型 花球呈宝塔形，花球紧实，花球表面为黄绿色，由许多尖型小球组成，花蕾紧密，肉质细嫩，主花球纵茎一般大于横茎，茎秆粗，单球重，品质好。

（三）按栽培季节分类

一般可分为春季青花菜、秋季青花菜、春秋季兼用类型、秋冬季青花菜四种类型。

1. 春季青花菜类型 指适宜春季栽培的青花菜类型，一般在冬末春初播种育苗，春季栽培。其特点是冬性较强，幼苗在较低温度条件下能正常生长，而在较高气温下形成花球，但抗病、抗热性较差，代表品种有碧杉、绿宋、绿皇、优美、青绿、中青16号等。

2. 秋季青花菜类型 指适宜秋季栽培的青花菜类型，一般在夏末播种育苗，秋季栽培。其特点是抗病、抗热性较强，幼苗在较高温度条件下能正常生长，在较低气温下形成花球，代表品种有亚非绿宝盆65、中青10号、中青11号、青丰、沪绿2号等。

3. 春秋季兼用类型 指春季、秋季均能栽培的品种类型。该类型品种适应性广，冬性较强，抗病抗热性较强，幼苗在较高或较低温度条件下能正常生长和结球，代表品种有优秀、耐寒优秀、中青8号、中青16号、绿奇、中青2号、绿秀等。

4. 秋冬季青花菜类型 指适于越冬栽培的青花菜品种类型。这类品种一般在8月至9月上旬播种，翌年2月前后收获。抗寒性强，能耐短期$-3\sim-1℃$的低温，代表品种有亚非绿宝盆70、亚非95、亚非三月鲜、绿带子、绿雄90、圣绿、马拉松、中青12号、中青319、碧绿1号、浙青80、美青90等。

（四）按生育期分类

青花菜依生育期长短及花球发育对温度要求不同，可将其划分为早熟种、中熟种和晚熟种3种类型。

1. **早熟品种**　定植后 50d 左右成熟的称为极早熟品种;定植 60d 左右后成熟的称为早熟品种。生产上推广应用的代表品种主要有绿莹莹、绿奇(中青 9 号)、中青 10 号、中青 11 号、中青 16 号、绿宝 2 号、碧松、碧杉、沪绿1 号、沪绿 2 号、绿雄 60、早绿、优秀等。

2. **中熟品种**　定植后 75d 左右成熟的品种称为中熟品种,又可分为中早熟、中熟和中晚熟 3 个类型。生产上应用的代表品种主要有亚非绿宝盆65、亚非绿宝盆 70、亚非大头娃 75、耐寒优秀、中青 8 号、中青 12 号、圳青3 号、青丰、绿公爵、詹姆、绿秀、哈依姿、绿宇、佳绿、幸运等。

3. **晚熟品种**　定植后 85~130d 成熟品种称为晚熟品种。生产上应用的代表品种主要有亚非 95、亚非王子 100、亚非王子 120、亚非二月鲜、晚熟六号、中青 319、中青 318、绿宝 3 号、碧绿 1 号、马拉松、绿雄 90、圣绿、强汉等。

4. **特晚熟品种**　定植后 130d 以上成熟的品种,生产上应用代表品种主要有亚非三月鲜。

二、推广应用的青花菜品种

我国市场上推广应用的青花菜品种有 80 多个,国内自育的品种与国外引进的品种大致上各占一半,推广面积比例大致为 1∶3。2018 年成立"国家西蓝花良种重大科研联合攻关组"以来,育成了一批可与国外引进品种相媲美的青花菜优良品种。

(一) 生产上推广的品种

1. 国内自育的优良品种

(1) 亚非三月鲜。武汉亚非种业有限公司育成的特晚熟青花菜杂交种,株型直立、生长势强,全生育期 180d,株高 70cm,开展度 71cm,外叶数约 24 片,叶蓝绿色。主球近半球形,鲜绿色,蕾粒细小均匀,结球紧密,外观整齐,主茎稍粗不空;花球高 15cm,横径 16cm,单球重 0.8kg,植株抗寒性强,长江流域 3 月上市表现优异(图 C-1)。

(2) 亚非大头娃 75。武汉亚非种业有限公司育成的中熟青花菜杂交种,株型直立、生长势强,定植至收获 75d,株高 58cm,开展度 58cm×62cm,外叶数约 22 片、叶灰绿色、侧枝中,属于高秆型。主球近半球形、蓝绿色、蕾粒中等均匀、结球紧密、外观整齐,花球高 13cm,横径 15cm,单球重 0.7kg,植株抗病能力较好,长江流域 11 月上市表现优异(图 C-2)。

(3)亚非绿宝盆 65。武汉亚非种业有限公司育成的中早熟青花菜杂交新品种。从定植到收获 65d 左右,株型半直立,株高 60cm,开展度 78cm×77cm。外叶数约 18 片,外叶灰绿色,蜡粉中等。侧枝较少。花球半圆形,紧密,外形美观,球色绿、着色均匀,花球蕾粒中细且均匀。主花球茎实心,球内无夹叶,主花球平均高约 13cm,平均宽约 17cm,单球重约 0.68kg,遇低温不发紫(图 C-3)。

(4)亚非成功 70。武汉亚非种业有限公司育成的中早熟青花菜杂交新品种。从定植到收获 70d 左右,株型半直立到开展,株高 54cm,开展度 78cm×82cm。外叶数约 19 片,外叶灰绿色,蜡粉中等。侧枝较少。花球半圆形,紧密,外形美观,球色绿、着色均匀,花球蕾粒中细且均匀。主花球茎实心,球内无夹叶,主花球平均高约 11cm,平均宽约 17cm,单球重约 0.70kg,遇低温不发紫(图 C-4)。

(5)沪绿 2 号。上海市农业科学院园艺研究所育成的中早熟青花菜杂交种。从定植到收获 67d 左右,株型较矮,平均株高约 55cm,开展度 75.5cm×75.6cm,外叶约 18 片,绿色,蜡粉中等,叶缘有波纹,近叶柄处有缺刻,侧枝约 7 个。花球近半圆形,球色绿,花球紧密,花球蕾粒软细、均匀。主花球茎中空度较小,夹叶少。主花球平均高约 12cm,宽约 16cm,平均单球重约 0.4kg,田间表现高抗病毒病和黑腐病。

(6)绿宝 3 号。厦门市农业科学研究院与推广中心育成的晚熟青花菜杂交种。从定植到收获 85d 左右,株型较矮,平均株高约 57cm,开展度 88cm×85cm。外叶数约 21 片,侧枝数 2～4 个,外叶灰绿色,蜡粉中等偏多。花球近半圆形,球色绿、均匀,蕾粒细、均匀,王球茎不易空心,球高约 11cm,球宽约 16cm,平均单球重 0.44kg,田间表现高抗病毒病和黑腐病。

(7)青峰。江苏省农业科学院蔬菜研究所育成的中晚熟青花菜杂交品种。从定植到收获约 75d,株型直立,株高约 53cm,开展度 86.6cm×

85.5cm,外叶约 20 片,绿色,叶面蜡粉中等偏多,叶缘裂刻,基部叶耳明显。花球半圆形,球色绿,花球紧实,蕾粒中等、较匀,球高约 12.3cm,宽约 15.1cm,平均单球重约 0.37kg。田间表现高抗病毒病和黑腐病。

(8)圳青 3 号。深圳市农科中心蔬菜研究所育成的中早熟青花菜杂交品种。从定植到收获 68d 左右,株型中等,株高约 58cm,开展度 85cm× 88cm,外叶约 18 片,灰绿色,叶面蜡粉多。侧枝约 11 个,花球半圆形,花球紧实,球色绿,较均匀,蕾粒较细,大小较均匀。花球高约 13cm,宽约 15cm,平均单球重约 0.36kg,田间表现高抗病毒病和黑腐病。

(9)中青 1 号。中国农业科学院蔬菜花卉研究所育成的青花菜一代杂种。株高 38~40cm,开展度 60~65cm。外叶 15~17 片,复叶 3~4 对,叶面蜡粉较多。花球紧密,浓绿,花蕾较细,主花球重约 0.3kg,侧花球重约 150g。适于春、秋两季种植,春季种植表现早熟,成熟期比日本品种绿岭早 5d 左右;秋季种植表现中熟,定植 50~60d 后收获,主花球可达 0.5kg 左右,田间表现抗病毒病。

(10)中青 2 号。中国农业科学院蔬菜花卉研究所育成的一代杂种。春季定植后 55d 可开始收获,秋季定植 60~70d 后可采收。花球圆形,花蕾细小、排列紧密,浓绿色。春季栽培主花球重 0.35kg 左右,秋季栽培主花球重可达 0.5kg 以上,田间表现抗病毒病和黑腐病。

(11)中青 3 号。中国农业科学院蔬菜花卉研究所育成的青花菜一代杂种。株高 76.8cm,开展度 77~84cm,叶面蜡粉较多。花球紧密,浅绿色,花蕾细,品质好,主花球重略超过日本品种绿岭,田间表现抗病毒病和黑腐病。

(12)上海 3 号。上海市农业科学院园艺研究所育成中晚熟杂交品种。全生育期 110~120d,从定植到采收约 90d,长势强,株高约 35cm。花梗粗,主花球大,横径约 14cm,主花球重 0.5kg 左右,球形、高圆,花球紧实,球色深绿,花蕾细,品质优,田间表现抗病毒病、黑腐病,耐寒。

(13)绿莲。天津市蔬菜研究所育成的青花菜一代杂种,中熟,成熟期 65~75d,花球扁圆,小花蕾,灰绿色,紧实,平均单球重 0.26kg,田间表现抗芜菁花叶病毒病,耐黑腐病。

（14）绿宝。厦门市农业科学研究所育成的青花菜一代杂种。早熟，生长势强，定植后 50～55d 采收。株高 55～60cm，开展度 85～93cm，绿叶数 11～13 片，叶色浓绿，叶面较平整，蜡粉多。花茎高 30～35cm，主花球扁圆，直径 16～18cm，单球重 0.45kg 左右，花球紧密。花粒粗细中等，花蕾较软，品质优良，为鲜菜及速冻加工兼用品种，田间表现抗病毒病及黑腐病，耐热性较强。

（15）碧秋。北京市农林科学院蔬菜研究中心育成的青花菜一代杂种。植株较平展，生长势强叶色深绿，叶面蜡粉多。花球紧密，圆凸形，花蕾小，浓绿，主花球重 0.4kg 左右，田间表现抗芜菁花叶病毒病，耐黑腐病。

（16）沪绿 2 号。上海市农业科学院园艺研究所育成的青花菜一代杂种。植株生长势较强，花球紧密，呈圆平状，色浓绿，花蕾小，主花球重约 0.5kg，每亩产量 800～1 000kg，比沪绿 1 号增产 10％以上，田间表现抗芜青花叶病毒病，耐黑腐病。

（17）申绿 2 号。上海种业集团粒粒丰农业科技有限公司育成的中晚熟品种。主花球类型，株高约 75cm，开展度 85cm 左右。叶片数 18～20 片，叶片蜡粉重。长江中下游地区秋季定植后 100d 左右达到采收标准。主花球呈高圆形，平均单球重 0.40～0.50kg，最大可达 1.0kg 以上。花蕾细密，花枝短，小花球排列紧凑，深绿色。球茎充实，不中空。尤其是遇到低温时，不出现紫球现象，每亩花球产量近 1 000kg。

（18）碧杉。北京市农林科学院蔬菜研究中心育成的中熟一代杂种。定植后 60d 左右可收获，植株半直立，生长势强。花球圆形，花蕾细小，排列紧密，绿色，品质较好，露地栽培主花球重 0.36kg，大棚栽培主花球重约 0.45kg。该品种抗逆性强，适应性广，露地、保护地栽培均可，一般每亩产量 900kg。

（19）沪绿 1 号。上海市农业科学院育成的中早熟品种。全生育期 105～110d，从定植至初收 65d 左右。植株直立，生长势旺盛，侧枝较少，为顶花球专用种。花球半圆形，花蕾颗粒细小，排列紧密，颜色浓绿，品质优良，单花球重 0.4kg 左右。该品种耐寒性强，但不耐热，适于 7 月下旬以后播种栽培。

(20)早青。深圳农科中心蔬菜研究所育成的青花菜一代杂种。植株整齐,株高30cm,开展度65～70cm。叶片平展,侧芽少。花球紧实,扁圆球形,青绿色,花蕾中等大,主花球重0.26kg左右,每亩产量700～750kg,田间表现耐热性强,抗病毒病,耐黑腐病。

(21)闽绿1号。福州市蔬菜科学研究所育成的青花菜一代杂种。株高42cm,开展度63cm×63cm,叶色深绿,叶面光滑,蜡粉较少。花球半圆形,横径17cm,纵径14cm,花球紧密,花蕾细,色浓绿,花茎细,主花球重0.5kg左右,每亩产量1 000kg左右,主花球收获后可采收侧花球。耐寒性强,在福建可于9月至翌年3月栽培,定植到初收70d左右,田间表现耐渍能力较强,抗黑腐病。

(22)中青9号。中国农业科学院蔬菜花卉研究所利用显性雄性不育系育成的早熟青花菜杂交品种。定植后60d左右收获,可春、秋季种植。株型半直立,开展度中等,外叶数较少,叶片灰绿,抗病性较强。侧枝发生率极低,生长势强,具有较强的适应性。花球致密浓绿,呈蘑菇形,直径一般可达14～20cm,单球重一般可达0.45～0.65kg,花球田间保持能力出色。

(23)中青10号。中国农业科学院蔬菜花卉研究所育成的极早熟青花菜杂交品种。早熟性好,定植后50d左右成熟。株型半直立,株高约65cm,植株开展度约60cm,外叶数12片左右,叶片灰绿。花球半高圆形,外形美观,球色浓绿,花球紧密,蕾粒细,品质佳,主花球茎实心,单球重0.6kg左右,直径约18cm,田间抗病性较强,主要用于秋季种植,北方部分地区也可春季种植。

(24)中青12号。中国农业科学院蔬菜花卉研究育成品种。定植到收获85d左右,株型直立,外叶深绿,平均株高77～85cm,外叶12～13片。花球半高圆形,花球紧实,花蕾较细,深绿,球色好,色均匀,单球重0.6～0.75kg。主花球茎实心,无夹叶,低温花球不易发紫,较耐寒。

(25)中青8号。中国农业科学院蔬菜花卉研究育成的中早熟青花菜杂交新品种。从定植到收获平均约71d,株型较直立,株高56cm,开展度79.2cm×80cm。外叶数约17片,外叶灰绿色,蜡粉中等。侧枝较少,花球半圆形,紧密,外形美观,球色绿、均匀,花球蕾粒细且均匀。主花球,实心,球内无夹叶,主花球平均高约 13cm,平均宽约 16cm,单球重约 0.36kg,田间表现高抗病毒病,苗期人工接种,高抗病毒病和黑腐病。

(26)碧绿 1 号。北京市农林科学院蔬菜研究中心育成的晚熟青花菜杂交种。定植到收获约 86d,株型半开展,株高约 63cm,开展度 86.9cm×85.4cm。外叶数约 20 片,深绿色,叶面蜡粉多,叶缘波,无缺刻,侧枝数4~6 个。花球半圆形,绿色,紧实,花球雷粒较小、均匀,球高约 11.1cm,球径约 15cm,无小叶,主茎不易空心,单球重约 0.4kg。田间表现高抗病毒病和黑腐病。

(27)中青 16 号。中国农业科学院蔬菜花卉研究所用雄性不育配制的早熟青花菜一代杂种,定植到收获约 55d。株型半直立,开展度中等,外叶灰绿,侧枝较少。球形半高圆,球色浓绿、均匀,花球紧密,蕾粒细匀,主茎实心,平均单球重 0.55~0.65kg,外观商品性好,田间表现抗病毒病和枯萎病。

(28)中青 319。中国农业科学院蔬菜花卉研究所利用细胞质雄性不育配制的青花菜中晚熟一代杂种,定植到收获 85d 以上。株型直立,开展度中等,外叶深蓝,蜡粉重,侧枝少,生长势强。球形半高圆呈蘑菇形,蕾粒中细均匀,球色浓绿,主茎实心,花球 15.0cm 时平均单球重 0.58~0.66kg,抗寒性好,田间表现抗病毒病、枯萎病和黑腐病。

2. 国外引进的优良品种

(1)绿秀。由韩国引进的中熟青花菜杂交品种。从定植到收获约70d,花蕾致密细嫩,呈深绿色,单球重 0.4kg 左右,侧枝少,采收后不易变黄。抗黑腐病、霜霉病、软腐病能力强。适应性强,春播初夏采收,在寒冷地区的夏季、秋季栽培时也可收获商品性极好的花球。

(2)晚生圣绿。原名 N.180,由江苏省丘陵地区镇江农业科学研究所从日本引进,为主花球型青花菜。株型直立,生长势强,全生育期 170d 左右,株高约 70cm,开展度约 75cm,外叶数约 22 片,叶蓝绿色。主球近半球形,鲜绿色,蕾粒细小均匀,结球紧实,外观整齐,主茎稍粗不空;花球高13.8cm,横径 16cm,单球重 0.5kg,抗寒性强。

(3)圣绿。原名 N.81,由江苏省丘陵地区镇江农业科学研究所 1996

年从日本引进。株型直立,生长势强,全生育期 150d 左右,株高 66cm,开展度 70cm,外叶数约 22 片,叶色浓绿。主球近半球形,结球紧密,花球绿色,蕾粒细小,外观整齐,品味佳。花球高约 14cm,横径 15cm,单球重 0.52kg。主茎不空心,商品性好,抗寒性强。

(4)哈依姿。由日本引进的中早熟品种。生育期 105d 左右。株高 45～50cm,生长势强,侧花枝多。叶片长卵圆形,灰绿色,被覆蜡粉。主花球扁圆形,直径 15cm 左右,花球紧实度中等,花蕾小,绿色,单球重 0.45kg,品质好。该品种耐热、耐寒性均强,适应性广,既可在春、夏季露地栽培和秋冬季保护地栽培外,还可以在晚春和初夏露地栽培。

(5)东京绿(宝冠)。由日本引进的一代杂交品种。全生育期 95d 左右,定植至初收约 65d。花球半圆形,直径 14cm 左右,花茎短,花蕾层厚,细密紧实,花蕾中等,浓绿色,品质优良。主花球重 0.4kg 左右。该品种抗病性、耐热性、耐寒性均强,适应性广,适于鲜销或速冻加工。

(6)绿雄 90。杭州三雄种苗有限公司从日本引进的中熟品种。株高 65～70cm,开展度 40～45cm,叶挺直而窄小,总叶数 21～22 片。保鲜小花球 0.3kg,大花球可达 0.75kg,直径 15～18cm。球形圆整,蘑菇形,蕾中细,色深绿。耐寒性强,耐阴雨,连续 7～8d 阴雨花蕾不发黄。较抗霜霉病,高抗花球褐斑病,不抗黑腐病。

(7)绿峰。从泰国引进品种。具有早熟、抗病、商品性好、耐热性强等优点。早秋季保护地栽培,耐热、抗病、早熟,植株生长势强,叶面蜡粉较多,主花球生长期间侧枝少,主花球采收后侧枝花球发生快,花蕾粒细密,球径 16～22cm,单球重 0.4～0.6kg,花球蓝绿色圆球形,商品性好。定植后 55～60d 可收获。

(8)绿洋。从美国引进的杂交一代品种。中早熟,较耐热耐寒,适应性广,抗病。从定植到采收 60d 左右。株型矮,适宜密植,生长特别迅速,花球紧密而浓绿,球大,品质优,外观好,不易黄化,主花球直径 15～25cm,重 0.4～0.6kg,再生芽大。从现蕾至采收一般为 13d,华南大部分地区可在晚稻田冬种。

(9)绿岭。从日本引进的优良杂种一代品种。全生育期 105～110d,

从定植至采收,春、秋季露地栽培为 60～80d,冬、春季保护地栽培为 45～60d。植株体较大,生长势强,株型紧凑,侧枝发生数量中等,可作为顶、侧花球兼用种。叶片浓绿肥厚,蜡粉多。花球半圆形,大而整齐,花蕾层厚,花蕾中等排列紧密,不易散花,色泽艳绿,外形美观,单球重 0.5kg 左右。该品种耐霜霉病和黑腐病,耐寒,适应性广,可春、秋季露地栽培和冬季、早春季保护地栽培。

(10) 绿秀。从韩国引进的适于鲜食及冷冻加工出口的优良品种。其株型直立,株高约 50cm,少有侧枝,茎不空心。球径 12～14cm,蕾粒致密细嫩,深绿色,球蕾整齐,球重 0.40～0.50kg。该品种耐寒、耐湿、抗逆、抗病、品质好。

(11) 绿丰。由韩国引进的中早熟青花菜品种。从定植到收获 60～65d,株型直立,侧枝极少适宜密植。花蕾密集,呈绿色,球重 0.2～0.3kg。品质好,抗热性、抗病能力强。

(12) 绿彗星。从日本引进的早熟品种。株型直立,生长势很强,从播种到收获需 90d 左右,从定植至初收约 50d。花球紧密,直径约 17cm,花蕾中等,平均单球重 0.4kg。花球色浓绿,风味好,品质上等,耐贮藏,适宜春、秋季栽培。

(13) 绿皇。由日本引进的中晚熟一代杂交品种,定植后 65d 开始采收主花球。植株直立粗壮,生长势强,侧枝发生少。花球肥大,直径可达 25cm,花枝较长,花蕾均匀,排列紧密,单球重 0.5kg 左右,成熟期一致。该品种耐热性强,适应性广,可春、秋季露地栽培。

(14) 里绿。由日本引进的早熟杂交品种,全生育期 90d。生长势中等,生长速度快。植株较高,色泽深绿,花蕾小,单球重 0.2～0.3kg。适合于春、秋季露地栽培以及春夏栽培,具有较强的抗病性和抗热性。

(15) 马拉松。从日本引进的中熟杂交品种。株型直立,生长势较强,从定植至初收期约 70d。花球紧密,直径约 17cm,花蕾中等,平均单球重 0.4kg。花球色浓绿,整齐度好,风味好,品质上等,耐贮藏,适宜春、秋季栽培。

(16) 玉冠。由日本引进的一代中晚熟杂交种。生长势强,植株叶片开展度大。花球较大,稍扁平状,花蕾较大,质量中等。侧花枝生长势较强,侧花球较大。单球重 0.3～0.5kg。具有较强的抗病性和抗热性。

(17) 蔓陀绿。荷兰先正达公司育成的杂交一代品种。早熟,定植 60d 左右收获。特别适于温带气候的秋季栽培,植株直立,叶色中绿,抗病性强。花球紧凑,花蕾细小,无空心,单球重 0.4～0.5kg。

(18) 绿宝塔。从荷兰、法国引进的新品种。该品种花球呈塔尖形,经速冻或加热鲜食,颜色更加碧绿诱人,是替代普通青花菜的高档特色良种。绿宝塔青花菜因品种不同,生育期各异,一般为 90～120d。春、秋两季均可栽培,其低温感应温度在 16～20℃,需 15～20d,花芽分化时植株需具有10～13 片叶,基部茎粗 1cm 以上。植株定植后,只有营养体达到花芽分化标准时,花球形成才能大而早。

(19) 紫云。1996 年从日本引进,属中晚熟品种。植株生长势强,较直立,株高 60～70cm,叶片呈长勺形,根系非常发达。幼苗叶片带淡紫色,叶脉呈紫红色,生长缓慢,成株后叶缘紫红色明显。一般在定植 55d 左右后,开始现蕾,幼蕾生长缓慢,当花球长至 6～7cm 时生长明显加快。花球呈圆头形,表面呈紫红色,蕾粒细。球径 12～14cm,单球重 0.4～0.5kg,很少生侧枝球。

(20) 黄冠。黄色青花菜品种,生长势强,株型直立,花蕾黄绿色,花球为球形,坚实致密,花蕾成熟后,颜色变绿。

(21) 耐寒优秀。从日本坂田公司引进,中早熟青花菜一代杂交品种,株型直立、叶片开展中,花球高圆、球色蓝绿、花蕾中,耐寒性好,低温不发紫。

(22) 炎秀。从日本坂田公司引进,晚熟青花菜一代杂交品种,株型直立,生长势强,耐热性好,叶片开展中,花球半高圆、球色深绿、花蕾中,低温发紫,不抗黑腐病。

(23) 强汉。从美国圣尼斯公司引进,中晚熟青花菜一代杂交品种,株型半直立,生长势强,抗逆性好,耐雨水,叶片开展中,花球半高圆、球色绿、花蕾细,低温发紫。

(24) 幸运。从荷兰 Bejo(必久)种子公司引进,中熟青花菜一代杂交品种,株型直立,生长势强,抗逆性好,叶片开展中,花球半高圆、球色绿、花蕾细,低温发紫,产量高。

（25）阳光。从日本坂田公司引进,中晚熟青花菜一代杂交品种,株型直立,生长势强,抗逆性好,叶片开展中,花球高圆、球色蓝绿、花蕾中细。

(二)具有推广潜力的青花菜新品种

（1）亚非王子70。武汉亚非种业有限公司育成的中早熟青花菜杂交新品种。从定植到收获70d左右,株型较直立,株高55cm,叶片开展度78cm×81cm。外叶数约18片,外叶灰绿色,蜡粉中等。侧枝较少。花球半圆形,紧密,外形美观,球色绿、着色均匀,花球蕾粒中细且均匀。主花球茎实心,球内无夹叶,主花球平均高约12cm,平均宽约16cm,单球重约0.65kg,遇低温不发紫(图C-5)。

（2）亚非王子65。武汉亚非种业有限公司育成的早熟青花菜杂交新品种。从定植到收获65d左右,株型较直立,株高45cm,叶片开展度58cm×61cm。外叶数约17片,外叶蓝绿色,蜡粉中等。侧枝较少。花球半圆形,紧密,外形美观,球色蓝绿、着色均匀,花球蕾粒细且均匀。主花球茎实心,球内无夹叶,主花球平均高约12cm,平均宽约17cm,单球重约0.55kg,遇低温不发紫(图C-6)。

（3）亚非绿宝盆70。武汉亚非种业有限公司育成的中熟青花菜杂交新品种。从定植到收获平均约75d,株型较直立,株高68cm,叶片开展度77cm×75cm。外叶数约21片,外叶灰绿色,蜡粉中等。侧枝中等。花球半圆形,紧密,外形美观,球色绿、着色均匀,花球蕾粒中细且均匀。主花球茎实心,球内无夹叶,主花球平均高约11cm,平均宽约16cm,单球重约0.75kg,遇低温不发紫,抗黑腐病能力较好(图C-7)。

（4）亚非绿宝石80。武汉亚非种业有限公司育成的中熟青花菜杂交新品种。从定植到收获平均约75d,株型较直立,株高60cm,叶片开展度77cm×80cm。外叶数约19片,外叶灰绿色,蜡粉中等。侧枝少。花球半圆形,紧密,外形美观,球色绿、着色均匀,花球蕾粒中细且均匀。主花球茎实心,球内无夹叶,主花球平均高约11cm,平均宽约16cm,单球重约0.85kg,遇低温不发紫,抗黑腐病能力较好(图C-8)。

（5）亚非王子100。武汉亚非种业有限公司育成的中熟青花菜杂交新品种。从定植到收获100d左右,株型较直立,株高45cm,叶片开展度

64cm×68cm。外叶数约 18 片，外叶蓝绿色，蜡粉中等，侧枝中等偏少。花球半圆形，紧密，外形美观，球色绿、着色均匀，花球蕾粒中等且均匀。主花球茎实心，球内无夹叶，主花球平均高约 10cm，平均宽约 14cm，单球重约 0.65kg，遇低温不发紫（图 C-9）。

（6）亚非王子 120。武汉亚非种业有限公司育成的晚熟青花菜杂交新品种。从定植到收获 120d 左右，株型较直立，株高 60cm，叶片开展度 65cm×68cm。外叶数约 18 片，外叶蓝绿色，蜡粉中等，侧枝少。花球半圆形，紧密，外形美观，球色绿、着色均匀，花球蕾粒中细且均匀。主花球茎实心，球内无夹叶，主花球平均高约 13cm，平均宽约 17cm，单球重约 0.89kg，遇低温不发紫（图 C-10）。

（7）亚非二月鲜。武汉亚非种业有限公司育成的晚熟青花菜杂交新品种。从定植到收获 130d 左右，株型较直立，株高 60cm，叶片开展度 70cm×68cm。外叶数约 22 片，外叶蓝绿色，蜡粉中等。侧枝中等偏少。花球半圆形，紧密，外形美观，球色绿、着色均匀，花球蕾粒中细且均匀。主花球茎实心，球内无夹叶，主花球平均高约 10cm，平均宽约 16cm，单球重约 0.85kg，遇低温不发红（图 C-11）。

（8）浙青 75。浙江省农业科学院蔬菜研究所育成的中熟品种。定植 75d 左右收获，生长势旺，植株较直立；花球蘑菇形，花球圆整，蕾粒均匀、中细，颜色深蓝绿，低温不紫，花梗较长、色绿，坐球较高；单球均重 600g 左右，亩产 1 500kg 左右。综合抗性优良，适宜在我国大部分地区种植。

（9）台绿 5 号。台州市农业科学研究院、浙江勿忘农种业股份有限公司联合育成的晚熟品种。花球紧实，蕾粒细，耐寒性强，低温不发紫，产量高。

（10）碧绿 6 号。北京市农林科学院蔬菜研究中心育成的中熟品种。花球紧实，高圆球形，花蕾细，颜色蓝绿，产量高，不易空茎，低温不紫，耐寒，抗病。

（11）KR1903。天津科润蔬菜研究所育成的早熟品种。适应性广，定植 65～75d 后采收；株型直立，侧枝萌发率低，抗性较强。花球周正，半圆，紧实，花蕾小而匀，低温不变紫。

（12）青城 5544。天津惠尔稼种业科技有限公司育成的中早熟品种。

秋茬定植 65～70d 后可采收,植株直立紧凑,适合密植,侧枝很少。花球高圆平整,蕾粒细密,颜色深绿。耐寒性佳,抗病性好,低温不会发紫。田间表现整齐,适合基地大面积种植。

(13)沪绿 88。上海市农业科学院育成的中晚熟品种。秋播定植 90～95d 后采收,耐寒性好,低温下不紫,抗病性强;花球高圆,馒头状,蕾粒细,球色深绿;生长势强,贫瘠低肥力条件下表现优良。

(14)鑫绿 65。镇江鑫源达园艺科技有限公司育成的早熟品种。花球高圆,蕾色深绿,遇低温不发紫,较耐热。

(15)国王 11。温州肇丰种苗有限公司育成的晚熟品种。秋季定植100d 左右后上市,春播和高山定植 70～90d 后上市,单球重约 500～1 300g,花蕾中细,花球高圆型,颜色深绿,青梗,口感鲜甜,生长迅速,适应性广,容易栽培,耐储运。

(16)美青 90。浙江美之奥种业股份有限公司育成的中晚熟品种。定植 90d 左右采收,株型直立,侧枝较少,抗性较强。花球蘑菇形,紧实,花蕾中等均匀,颜色绿,适合鲜食及鲜切加工。

(17)碧绿 258。北京市蔬菜研究中心育成的中晚熟品种。花球紧实,蕾粒细,低温不发紫,可适当密植。

(18)浙青 80。浙江省农业科学院育成的中晚熟品种。花球圆整,蕾细色绿,花球保持性和耐储运性好。

(19)中青 16 号。中国农业科学院蔬菜花卉研究所用雄性不育配制的早熟青花菜一代杂种,定植到收获约 55d。株型半直立,开展度中等,外叶灰绿,侧枝较少。球形半高圆,球色浓绿、均匀,花球紧密,蕾粒细匀,主茎实心,平均单球重 0.55～0.65kg,外观商品性好,田间表现抗病毒病和枯萎病。

(20)中青 319。中国农业科学院蔬菜花卉研究所利用细胞质雄性不育配制的青花菜中晚熟一代杂种,定植到收获85d 以上。株型直立,叶片开展度中等,外叶深蓝,蜡粉重,侧枝少,生长势强。球形半高圆呈蘑菇形,蕾粒中细均匀,球色浓绿,主茎实心,花球 15.0cm 时平均单球重 0.58～0.66kg,抗寒性好,田间表现抗病毒病、枯萎病和黑腐病。

第四章 青花菜生长发育特性

本章主要介绍了青花菜的根、茎、叶、花球的形态特征,青花菜不同生长发育时期对温度、水分、光照等环境条件的基本要求。

第一节 青花菜的形态特征

一、青花菜的营养器官

(一) 根

青花菜主根明显,根系发达。根群主要分在 30～40cm 的土层,有利于吸收耕作层内的水分和养分。主根入土深度可达 60cm 以上,侧根发达呈网状,根系再生能力强,断根后很快恢复生长,适于育苗移栽。

(二) 茎

青花菜植株高大,茎直立,上粗下细,高 25～50cm,表面有蜡粉,周皮在生长发育过程中逐渐木质化,支撑叶和花球主茎顶端经花芽分化后,形成主花球。茎部每一叶腋芽萌生能力强,当主花球采收后可迅速生长形成侧枝,侧枝顶部再形成侧花球。这与花椰菜明显不同,花椰菜只在主茎顶端经花芽分化后,形成主花球,侧花球不发育。青花菜的茎中部是薄壁细胞构成的髓部,同样有很好的食用价值和营养价值。

(三) 叶

青花菜叶色蓝绿或深蓝色,叶面蜡粉较重,蜡粉量多少因品种而异。叶片数比较多,一般品种有 20 片左右。叶形有阔叶型或长叶型两种。青花菜叶片与花椰菜相比,叶柄明显狭长,叶缘锯齿状缺刻较深。叶片基部有少数翼状裂片,叶片互生于主茎上。早熟品种一般长至 17 片真叶时形成花球,中晚熟品种一般长至 22 片真叶时形成花球。

二、青花菜的生殖器官

(一) 花球

青花菜花球呈半球形,花球结构较松软。花球由肉质花茎、侧生小花枝和青绿色的花蕾群所组成。与花椰菜花球相比,组成青花菜花球的第一次花枝数较少,但总的花蕾数多,一个花球大约由 7 万个小花蕾组成。花球形成不仅需要一定的低温条件,而且对日照长短也有一定的要求,低温、短日照有利于优质花球形成。花蕾粒大小、整齐度是评判花球质量好坏的重要依据。青花菜花球由一个一个完整的小花蕾组成,当过了适宜的采收时间,花球变松散,小花蕾枯死或开花,特别是气温较高时,更容易出现这种情况,使花球失去商品性。因此,注意适期采收,在高温季节应适当提前采收。主茎顶端着生的花球较大,一般直径可达 12cm 以上,重 300～600g;侧枝花球较小,一般直径只有 3～6cm。

(二) 花

青花菜的花球发育过程中遇到外界高温,花茎可迅速伸长形成花薹,其上着生复总状花序,花蕾从花茎基部开始依次向上开放、开花。花由花梗、花托、花冠、花蕊(雄蕊、雌蕊)组成,属于完全花。每朵花的花萼有 4 个绿色萼片,着生在花的最外轮。花瓣内侧着生花蕊,雄蕊 6 枚,分为 2 轮,外轮 2 个较短,内轮 4 个较长(称四强雄蕊)。雌蕊位于花的正中,长度与内轮 4 个较长的雄蕊差不多,柱头位于其顶端,以接受花粉。青花菜为异花授粉作物,与其他甘蓝类蔬菜极易杂交,天然杂交可育率达 100%,所产生的杂交种都能正常发育。

(三) 果实与种子

青花菜开花后,在昆虫等传粉下受精结实,果实为角果,扁圆柱状,果长 7～9cm,表面光滑,由假隔膜分成 2 室,种子成排着生于假隔膜边缘。果实成熟前为绿色,可进行光合作用,成熟后为黄色,每个角果含种子 10～16 粒。种子成熟前为绿色,成熟后较饱满,圆形,种皮颜色有浅褐色、褐色、红棕色等。

第二节　青花菜的生育期

青花菜的生长发育可分为发芽期、幼苗期、莲座期、花球形成期和开花结籽期等五个时期。发芽期、幼苗期和莲座期为植株营养生长期。这段时间内,植株叶片数不断增多,株高增加;同时,植株通过感应外界变化进而完成春化过程。当莲座期结束时,主茎顶部开始出现花球,植株进入生殖生长阶段,花球逐渐发育,当外界条件适宜时,花球可以开花结果。青花菜营养生长状况与花球发育是密切相关的。植株根、茎、叶等营养器官的生长状况是花球发育的基础,如果植株营养生长不良或尚未充分发育时便已发芽分化,则花球小且产量低。

一、发芽期

(一) 发芽期的过程与特点

种子萌动至子叶充分展开、第一片真叶露心为发芽期,历时 7～10d。青花菜种子属于无胚乳种子,胚乳在种子发育过程中已经被吸收,养分贮存在子叶内部。种子发芽的时候,起初幼根向下伸长,接着胚轴伸长,初期弯曲成弧状,拱出土面后逐渐伸直,使子叶脱落种皮而迅速展开,子叶出土见光后能迅速进行光合作用,积累营养物质,供给幼苗生长,如果子叶受到损害,植株的生长发育就会受到影响。

(二) 影响发芽的外界条件

1. 温度　种子能够发芽的温度范围较宽,在 4～35℃ 范围内都可以,最低温度为 4～8℃,种子发芽的最适宜温度为 22～25℃,最高为 35℃。在 5～25℃ 范围内,温度越高,发芽速度越快;在最适宜温度条件下,1～2d 就开始露芽,3d 可出苗。

2. 水分　种子发芽时要吸收水分,体积会增大,种皮会破裂,吸收氧气进行气体交换,并促进体内贮藏物质的转化与运转。播种后,土壤水分的多少对种子发芽的影响很大。土壤水分不足时,播种后不能发芽;水分过多时,不仅会大大抑制发芽,甚至会引起种子腐烂。土壤水分多少与浇水及土壤黏重程度有关,通透性好的土壤,浇水或下雨后,土壤中的水分会很快流失,不会造成水分过多。

3. 氧气　种子发芽过程中,呼吸作用旺盛,需要充足的氧气。胚芽出现后,氧气的消耗量则大为增加,这种关系与播种深度及土壤排水性有关。播种时,如果覆土过深,缺乏氧气,就会影响正常的发芽。同时,如果土壤排水性差,土壤水分过多,土壤中缺乏氧气,就不容易发芽,甚至腐烂。

4. 光照　种子发芽除了必须要有一定的温度、水分和氧气,有些蔬菜种子发芽还需要有一定的光照条件。按照种子发芽对光的不同要求,可分为 3 种类型:一是喜光性种子,即有光的条件能促进发芽;二是嫌光性种子,即黑暗的条件能促进发芽;三是中光性种子,即发芽不受光照或黑暗条件的影响。

5. 种子质量　出苗好坏与种子饱满程度、成熟度等都有很大关系,种子越饱满,发芽越早,出苗率越高,幼苗的营养体生长量也越大。反之,成熟度越低,发芽率越低。青花菜在开花后 40～45d,种子才达到完全成熟,在开花后 25d 左右采收的种子有一定的发芽率,但发芽势明显弱,播种后出苗率不高。

二、幼苗期与莲座期

幼苗期是指从第 1 片真叶露出至 5～6 片真叶展开,需要 30d 左右。幼苗期的长短与其所处的环境条件及管理水平密切相关。冬春季育苗,幼苗期长;夏秋季育苗,幼苗期短(图 D-1)。

莲座期是指从第 5～6 片真叶展开至植株长有 17～20 片叶时间,因品种和栽培条件不同而差异较大,一般为 30～50d(图 D-2)。

(一)生长发育特点

青花菜的幼苗期与莲座期是营养生长的关键时期,这一时期要尽可能促进根、茎、叶等营养器官的生长,为形成花球打下好的基础。生长发育过程,不仅是整个植株的增重,还是根和茎的伸长、叶面积的添加,花球发育和生长速度的快慢期。幼苗定植前,植株干物质的增加量较小,定植活棵后,植株干物质迅速增加,特别是叶的增加更为明显。从现蕾开始,到花球成熟,茎、叶所占的比重减少;相反,花蕾所占的比重增加,不过在花球成熟时,茎、叶所占比重仍然较大,约占全部植株重量的62%左右。根的生长发育过程与叶一样,只是绝对生长量较小,在整个植株重量所占比重也比较低。如定植时占18%,出蕾时占11%,到花球成熟时已减少至8%左右。

(二) 茎叶生长环境

1. 温度　青花菜生长发育的环境条件中,温度是最敏感的一个因素。青花菜属于半耐寒性蔬菜,性喜温和、湿润、凉爽的气候条件。幼苗的耐热性、耐寒性比较强,幼苗和莲座期要求温度不能低于5℃,也不能高于30℃,最适温度为15~20℃,可耐受-10℃的低温和35℃的高温。高于25℃,植株徒长,品质下降。5℃以下生长慢,并在低温下容易通过春化阶段而出现早花,并形成小花球。夜间与白天温度为15~20℃时,白天温度越高,外叶数增加越多,当夜间温度超过25℃,白天温度越高,外叶数减少。白天与夜间温度的3种组合:20℃/15℃、25℃/15℃及30℃/15℃,都有利于叶片的生长。因此,幼苗期和莲座期最适温度为白天15~25℃,夜间15~20℃。

2. 光照　青花菜对日照长短的要求不是十分严格,但长日照对茎的生长有明显促进作用,对叶片数量的增加不明显,光照充分有利于植株生长健壮,形成强大的营养体。同时有利于光合效率提高和养分的积累,为花球的良好发育打好基础。春季栽培,定植后光照充分,有利于促进茎叶的生长;秋季栽培,定植后,由于日照时间逐渐缩短,气温也渐渐下降,茎叶的生长会受到影响。在阳光强烈的夏季,温度过高也不利于植株的营养生长。

3. 水分　青花菜较喜湿润环境,在整个生长过程中,对水分需求量比较大,土壤适宜的含水量为田间最大持水量的70%~80%。尤其莲座期和结球期,如果持续干旱,则会导致青花菜叶片缩小,营养体生长受抑制,出现提早现蕾、花球发育小、易老化、大大降低花球品质和产量等现象。青花菜也不太耐涝,湿度过大时,特别是地势低洼田块或多雨季节等,常会引起烂根和黑腐病、黑斑病的发生。因此,多雨时要及时排除田间积水,减少病害的发生。

4. 土壤及营养 青花菜对土壤适应性较广,各种土壤均适宜其生长发育,而以有机质丰富、土层深厚、疏松透气、排水良好的壤土或沙壤土为佳,适宜 pH 值 5.5~8.0,以 pH 值 6.0 左右生长良好。对于黏重的土壤,要通过多施腐熟农家有机肥料,增强土壤的通透性和保肥能力。青花菜整个生育期需肥较多,每亩收获青花菜 1 113kg,需吸收氮 37.20kg、磷 1.52kg、钾 48.20kg(表 3-1)。在茎叶生长过程中,对氮肥需要充分。在生长中后期,除要求充分的氮肥养分外,还需要大量的磷、钾养分,在茎、叶生长基本停止时,茎叶中的养分要向花球转移,因此,前期茎叶生长过程中磷、钾的吸收对后期花芽分化影响很大。所以,要通过多施底肥,不断追肥,促进营养生长。

表 3-1 青花菜不同器官鲜重、干重、氮、磷和钾吸收量比较

器官	鲜重 (kg/亩)	干重 (kg/亩)	氮 (kg/亩)	磷 (kg/亩)	钾 (kg/亩)
叶	542.00	66.00	24.80	0.80	22.30
茎	278.00	26.00	7.30	0.33	13.50
花球	242.00	24.00	3.80	0.26	9.80
根	51.00	10.00	1.30	0.13	2.60
总计	1 113.00	126.00	37.20	1.52	48.20

三、花球形成期

花球形成期是指从主茎顶端形成 0.5cm 大小的花球至花球采收的时期,一般需要 30~40d(图 D-3)。

(一) 花芽与花球的发育特点

此时期生长量和生长强度最大,鲜重增长占植株总生长量的 63%,干重占52%～65%。青花菜的花球由肉质花茎、侧生小花枝和青绿色花蕾群所组成,花序在多次反复发生一次、二次花枝的同时,小花蕾也在显著增加,花枝前端不断变肥厚,最后共同构成花球。另外,每个花枝的茎部会形成小苞叶。花球的发育过程大致可以分为未分化期、现蕾期、花球膨大期、花球成熟期(图 D-4)。

青花菜营养生长到一定阶段,当遇到外界一定的低温等条件时,茎顶端呈圆锥形的叶原基开始向半球形的花原基转变,接着花原基开始形成花芽,同时花原基也在不断增加。这一过程,一方面不断形成花枝,另一方面小花枝顶端显著短缩化,最后形成肥大的花球。随着花球的继续生长,花球周边部分开始松散,侧生花枝伸长。青花菜花球的大小和重量,主要取决于分球数量及大小,促进分枝侧花茎分化发育,对提高花球质量有重要作用。

青花菜花芽分化过程一般经历以下几个时期。①未分化期,茎顶端呈圆锥形,主要是叶原茎分化。②膨大期,与未分化期相比,主要呈现出明显的肥大半球形。③花蕾形成前期,从肥厚的茎顶端周围部分形成突起状的花序原基,这部分形成第一次花枝,其基部形成包叶原基。④花蕾形成中期,花序原基的数量明显增加。⑤花蕾形成后期,所有已发育的第一次原基的周围,又形成第二次花序原基,多个形成的第二次花序原基的周围再形成新的花序原基。⑥萼片形成期,每个花芽原基形成 4 枚萼片。⑦雄蕊、雌蕊形成期,萼片内侧形成 6 个雄蕊和 1 个雌蕊。⑧花瓣形成期。⑨花瓣伸长期。

(二) 花蕾形成与发育条件

1. 温度　青花菜植株从营养生长转变到生殖生长对温度要求很严格,必要的低温刺激才能从叶丛生长转入花芽分化并形成花球,而且低温要持续一段时间。不同熟性的品种完成春化过程对外界的温度要求也不同。一般极早熟品种在 22～23℃,早熟品种在 13～18℃条件下,15～20d 即能花芽分化;中熟品种在 10℃以下的 22～25d 能花芽分化;晚熟品种则要求在 5℃以下的 30d 才可进入花芽分化。因此,品种熟性越晚,完成春化所要求的温度越低,时间越长。由于不同栽培季节温度条件不同,掌握不同品种的花芽分化特征对于选用适宜的品种非常重要。花球发育以 16～18℃为宜，适宜的气温和较低的夜温、充足的光照，会使花球紧密、叶色鲜绿、花球重。温度高于 25℃，花球发育不良，花蕾生长不均匀，造成花球松散、有小叶、花蕾变黄、花球品质差、产量低等；炎热干旱时，花蕾易干枯、散球和抽枝开花。而超过 30℃时花球不能形成夹叶花球。花球肥大期生长适温为 15～18℃，遇到 25℃以上高温容易徒长，大部分品种不能形成花球，或所形成的花球，因为夹叶、松散、花蕾黄化脱落或开花而失去商品价值。中晚熟品种发育的温度超过 25～30℃时，叶片变细，呈柳叶形，花蕾由绿变黄、易松散；同时，由于花茎生长加快，难以及时收获。早熟品种在 25℃的温度下仍然可以正常形成花球；10℃以下，花球生长缓慢，低于 5℃，则花球生长受到抑制，花球在短期 −5～−3℃低温下不致受冻害，但 0℃以下低温花球变脆、变紫，温度回升后可以恢复绿色。但需要注意的是，青花菜的花球形成后遇到低温，较花蕾时期的影响还要大。如果在花球形成后遇到低温，青花菜的花梗就不能很好地伸长，花芽分化就停留在原始状态，最后花原基萎缩。晚春和夏季温度较高，容易散花，采收时间可稍微早一点。如果当天未卖出去，可用凉水泡一夜，花蕾依然新鲜。晚茬青花菜在 −8～−4℃时花蕾冻僵，可以放在 −3～1℃处缓过来后再出售，切不可放在高温处。晚茬青花菜放在 −4～3℃下可以较长时间保鲜。

2. 日照　长日照有利于促进花球形成，特别是低温加长日照条件下，对花蕾形成与发育的促进作用更明显。在充足的光照条件下，花球生长发育正常，花蕾排列紧密，颜色正常，商品价值高。当光照不足时，花茎伸长，花球较小，颜色变黄，严重影响花球品质。根据温度与日照时间不同组合对花球发育影响的试验，温度在 15℃左右，长日照条件下，花蕾形成要比短日照条件下提前 1 周。也有报道，温度在 20℃条件下，部分品种只在长日照条件下现蕾。因此，青花菜栽培时光照要充足，花球必须见阳光，不像花椰菜束叶或遮盖，以免造成花球变黄，影响花球质量。

3. 栽培条件　栽培条件包括土壤营养状况，水分及定植密度等。花芽分化后，对磷钾需求量相对增加，以促进糖的积累和蛋白质的合成。花球发育过程中，对硼、镁、钼等微量元素肥料需求量增多，如缺少微量元素，会引起球茎中空,花球表面变褐,叶片易老化等。因此,花球形成期,增施磷、钾肥及硼、镁、钼肥对促进植株结构养分运转和花球发育效果明显。水分对花球质量与品质影响也很大,如果持续干旱,会导致青花菜叶片脱水,营养体生长受到抑制,出现提早现蕾,花球发育小,老化,大大降低花球品质和产量。

4. 植株营养体大小 一般早熟品种要求具有 8 片真叶,茎粗 5mm,中熟品种具有 10～12 片真叶,茎粗达 10mm,晚熟品种具有 13～16 片真叶,茎粗达 15mm 才能开始花芽分化。现蕾后,花球最终的产量和品质还取决于营养生长状况,只有植株已经形成足够的营养体,才有可能获得优质高产,否则就会减产,并造成花球质量低劣。因此,在营养生长期间,要提供充足的肥水条件。

四、开花结籽期

开花结籽期是指从花球边缘开始松散、花茎伸长抽薹,开花结籽到种子成熟时期,需要 100～120d。经历花茎伸长、开花和结籽 3 个阶段,其中结籽期 50～60d。该生育期主要用于青花菜品种选育、种子繁殖。

(一) 开花结籽过程

花球本身由小花枝和许多小花蕾组成,当花球发育成熟后,在外界条件适宜时,花球边缘开始松散,花茎迅速伸长,形成花薹,花蕾开放。青花菜属于复总状无限花序型,花蕾从花茎基部开始依次向上开放开花,开花期 40d 左右。与其他甘蓝类蔬菜一样,雌花在开花后 3～4d,雄蕊在开花后 2～3d 有受精能力。由于一个主花球大约有 12 个的第一次花枝,有大约 7 万个花蕾,如果全部开放,则收获的种子质量差、产量低。因此,采收种子的植株花球要进行割球处理。

(二) 开花结籽的条件

青花菜开花结籽的适宜温度为 20～25℃,一般认为受精的最适温度为 20℃。青花菜开花期为 4 月,种子收获在 6 月,此时长江流域正值梅雨季节,对开花和结果都非常不利,因此,采种栽培要尽可能选择开花期雨水较少的地区。目前,青花菜品种基本上是利用自交不亲和系配制的杂交品种。对于配制杂交品种,一定要保证两亲本花期一致,如果两亲本开花期不一致,则通过调整双亲的播种时间、肥水管理、不同方式的割球处理以及化学药剂处理等方式,促使两亲本花期相遇。开花后大约50d种子成熟,当种荚变黄,种荚内种子变褐色且硬实后,进行收割。

第三节 青花菜的生长环境条件

一、温度

青花菜属于半耐寒作物,性喜温暖、湿润的气候,怕热又不耐霜冻,可以在5~20℃范围内生长。种子发芽的温度不能低于4℃,不能高于35℃,最适温度为20~25℃。在适宜温度下3d可出苗。4~8℃条件下,10~12d才可出苗。青花菜幼苗的耐寒和耐热力较强,可耐-10℃的低温和抗35℃的高温。生产上,青花菜在幼苗和莲座期要求温度不低于5℃,不高于30℃,最适温度为15~20℃。高于25℃,植株容易徒长,产品品质下降。5℃以下生长慢,容易通过春化阶段而出现早花,形成小花球。

莲座期生长适温为20~22℃,花球发育期适温为15~18℃。如温度高于25℃,花球发育不良,植株易徒长,花球大小不匀,品质变劣;特别在花球肥大期,遇到25℃容易旺长,大部分品种不能形成花球,或所形成的花球因夹叶、松散、花蕾黄化脱落或开花,从而失去商品价值。炎热干旱时,花蕾易干枯或散球,或抽枝开花。

根系生长发育要求不低于4℃,不高于38℃,最适温度为26℃。花芽分化期遇到30℃以上高温,会产生夹叶花球。中、晚熟品种发育的温度超过25~30℃时,叶片变细,呈柳叶形,花蕾由绿转黄,花球易松散,同时由于花茎生长加快,难以及时收获。早熟品种在25℃的温度下仍可正常形成花球;青花菜在10℃以下花球生长缓慢,5℃以下花球生长受抑制,花球在短期-5~-3℃低温下不会受冻害,将其放在0℃中,花球变脆、变紫,温度回升后可以恢复绿色。但二次受冻后,则难以恢复绿色。

由于晚春和夏季温度较高,容易散花,采收时间应稍早一点。如当天未卖出去,可用凉水泡一晚,花蕾依然新鲜。晚茬青花菜在$-8\sim-4℃$时花蕾冻硬,可以放在$-1\sim3℃$处缓过来后再出售,切不可放在高温处。晚茬青花菜放在$-4\sim-3℃$可以较长时间保鲜。

青花菜同花椰菜一样,均属绿体春化型,从营养生长转向生殖生长,青花菜一般熟性愈晚,所需春化温度愈低,春化时间愈长。早熟品种要求茎粗达到5mm、10片叶以上、鲜重超过4g,在$10\sim17℃$条件下,经历20d;中熟品种要求茎粗10mm以上,在$5\sim10℃$条件下,经历20d;而晚熟品种要求茎粗15mm,在$2\sim5℃$条件下,经历30d,才能完成春化阶段而形成花球。花球的产量和品质,有赖于植株的营养状况,只有当其茎叶生长相当健壮,再通过春化阶段,才能提高产量。因此,青花菜苗期管理很重要。

另外,青花菜生长季节的平均温度,影响花球的许多重要性状,如花球的大小、花球的形状、花球的颜色、花球的紧实度等。在花球形成和成熟期温度比光照作用较大,花球的产量和质量主要是由温度与品种来决定的,而不是光照。其中,在花球形成时受温度的影响要比花球成熟时大。

二、光照

青花菜同花椰菜一样属长日照作物,14h以上日照下易形成花球。多数品种对日照长度要求不十分严格。长日照可促进花球的形成,有利于植株营养面积的扩大、光合效率的提高、养分的积累;弱光会引起幼苗徒长、定植成活率下降以及花蕾黄化等;但过强光照常形成焦蕾或散球。

青花菜是喜光植物,在有光照条件下发芽良好。充足的光照能提高花球的品质和产量。生育期光照充足,可形成健壮的植株,生产出肥大、紧密、色泽鲜亮的花球。青花菜也可适应光照稍弱的环境,但在弱光下容易徒长,茎伸长,叶片变薄,蜡粉少,易感病害,花球小,颜色浅而发黄。因此,栽培青花菜时,花球必须见光,不能像花椰菜那样,对其束叶或遮盖,以免造成花球变黄,影响花球质量。

三、水分

青花菜叶片较大,喜湿润,耐旱、耐涝能力都较弱,对水分要求严格。一般土壤含水量以田间持水量的70%~80%为较适宜。如湿度过大,会造成植株病害发生和腐烂。幼苗期如果土壤干燥,根系生长不良,胚轴短,子叶薄而小,叶片狭小,且伸张不良,甚至提早现蕾;土壤过湿时,根系生长不良,胚轴细长。莲座期如果土壤干燥,叶片尖端下垂,叶色发灰;土壤过湿时,茎部节间变长,叶柄基部下垂,下部叶片变黄脱落。花球形成期空气相对湿度以80%~90%为宜,土壤也不宜过湿,暴雨过后,应及时排除积水,防止根系腐烂,导致花球松散和霉烂。如过分干燥,温度高,花球增长缓慢,易老化。生长期和花蕾形成期要经常浇水,以防止干旱。在花蕾形成期如果高温缺水会造成大量散花,不仅花的质量不好,而且花的产量及价格将大大下降。

四、土壤

青花菜只有栽培在肥沃疏松、排水良好又能保水的壤土或沙质壤土上才易获得高产。如土壤积水或地下水位太高,易发生烂根。在沙质壤土中种植,应增施有机肥以增强保水保肥能力。青花菜抗盐能力比许多蔬菜(如甜瓜、辣椒、洋葱等)强。青花菜对土壤适应性较广,适宜的土壤pH值为6.0。耐碱性也很强,在土壤pH值为8.0环境下,也能正常生长发育。

五、营养

青花菜是需求肥料较大的蔬菜之一。整个生育期每亩需要施用有机肥1 000~2 000kg,氮28kg,磷10kg,钾16kg。氮、磷、钾的比例为14∶5∶8。幼苗期、莲座期和花球形成期都需要充足的氮肥。如果幼苗期、莲座期和花球形成期缺氮,花球不能充分肥大。青花菜幼苗期、莲座期需要充足的氮肥和磷肥。缺氮时,则叶片小而细长,直立生长,植株矮小,只能形成小花球;缺磷时,叶片小,伸展不良。它们在花球形成期除需要充足的磷肥外,还需要充足的钾肥,特别在幼苗期和花芽形成期应多施钾肥。如磷、钾肥不足,花球也不能充分肥大。

青花菜所需要的肥料除氮、磷、钾三要素外,对硼、镁、钙、钼等元素的要求量也较多,特别是硼与钼,与花球的生长关系密切。缺硼时,叶片的叶缘卷曲,叶柄和主脉产生龟裂或出现小的生长点,部分出现黑色坏死,花球的花蕾表面黄化,表皮老化、变褐,味苦,花茎基部出现横裂洞;缺钼时,叶片变畸形,叶身细长呈汤匙状;缺镁时,植株顶部嫩叶黄化,以后叶缘变成黄褐色并腐烂,俗称"缘腐"。因此,应重视施用这些微量元素肥料。

营养元素的缺失不仅与土壤本身各种元素的含量有关,还与土壤的酸碱度有关。酸性或碱性过大的土壤中,一些元素变为不溶性,使根系难以吸收,同时由于根吸收到酸或碱的伤害,降低了对元素的吸收能力。因此,当出现缺素症状时,首要调查土壤的酸碱度并加以调整,然后再施用所缺元素。

第四节　青花菜生产上的疑难症状解析

青花菜生产过程中,会遇到营养元素缺乏,异常的气候,以及栽培管理不当造成植株生长不健壮、花球畸形等症状发生的情况。

一、营养元素缺乏症与防治措施

(一)青花菜缺硼的表现与防治

1. 硼在青花菜中的作用　硼影响叶绿体的结构,缺硼叶绿体发生病变,进一步影响碳水化合物合成和运输。其机理是因为硼参与细胞壁中果胶的生成,缺硼时,细胞壁的果胶形成受阻,输导组织被破坏,体内养分移动缓慢,钙向新组织的移动受阻使生长点处的细胞液呈酸性,细胞分裂旺盛部位变黑枯死。

2. 缺硼表现　植株缺硼的共同特点是生长点首先停止发育,进而萎缩、坏死。茎表皮及心部坏死,叶尖黄化、枯死,叶柄内侧出现纵裂,变成空洞。或花球内部开裂,花上现褐色斑点,带苦味、顶芽死亡,质地硬,失去食用价值。缺硼引起的生长点萎缩、坏死,与缺钙十分相似,容易混淆。缺硼生长点呈干死状,缺钙呈腐死状;缺硼叶片往往变得粗厚而脆,缺钙时叶片呈弯钩状,不易伸展;缺硼往往多簇生,花而不实,缺钙则无此现象。

3. 缺硼原因 缺硼主要有 3 种原因。一是土壤质地轻、沙性强,有效硼易流失,尤其是沙土中多施化肥,土壤变为强酸性,有效硼流失更严重。二是青花菜需硼量大,易缺硼。三是干旱减少硼的供应,或使土壤对硼发生固定。

4. 防治措施

(1)增施硼肥。对缺硼的地块,每亩施硼砂 0.5~1.0kg,作为底肥均匀施用,防止局部过多。植株生长过程中,也可用 0.1%~0.3%硼砂溶液,加 0.3%生石灰溶液喷施。硼砂是热水溶性,配制时先用 60~70℃的热水溶解。

(2)增施有机肥。有机肥本身含硼,施入土壤后,硼可随有机肥料的分解而释放出来,而且有机肥可以增加土壤肥力,提高保水保肥能力,促进根系发育和对硼的吸收。

(3)控制氮肥用量。特别是铵态氮过多,会影响植株体内氮和硼的比例,抑制硼的吸收。

(4)适时浇水。避免干旱,保持土壤湿润,以增强植株对硼的吸收。

(二)青花菜缺镁的表现与防治

1. 镁在青花菜中的作用 镁是构成叶绿素的元素之一。缺镁时,叶绿素减少,叶片变成黄色,光合作用下降,糖类或淀粉合成减少。镁在青花菜植株体内向生长旺盛的幼叶和新芽中移动。因此,镁缺乏症首先出现在老叶上,老叶叶缘开始黄化,随后扩展到脉间失绿,最后只有叶脉保持绿色,并最终变褐色,坏死。

2. 缺镁表现 植株缺镁时老叶叶缘开始黄化,至叶脉间失绿黄化,有时呈褐色或暗红紫色,症状渐及幼叶,叶片局部失绿,出现淡绿色斑点。

3. 缺镁原因 钙和镁容易因灌水或降雨而溶解流失,为保持青花菜植株体内各要素之间的平衡,必须使土壤经常保持适宜的镁含量。但施用镁肥不一定能使所有的缺镁症状恢复正常。当土壤中钾浓度过高时,由于植物先吸收钾而影响对镁的吸收,导致体内钾过剩而镁不足,则植株表现缺镁。而且,即使土壤含有镁,在缺磷情况下也影响植株对镁的吸收。因此,提高施镁效果,在预防钾过剩和磷缺乏的同时,考虑镁与磷的协同作用,从而最大限度地发挥镁的作用。

4. 防治措施　对酸性土壤缺镁时,每亩用氧化镁石灰 80~100kg,或氢氧化镁 60kg,加水溶解后施于植株间,也可将其粉末撒在垄上再灌水。当土壤 pH 值为 6.0 以上时,要施硫酸镁或硫镁矾。但过多施用氧化镁石灰或氢氧化镁,会导致缺硼、锰、锌等。应急时,每隔 10d 用 1%~2%硫酸镁溶液喷施叶面 1 次。

(三) 青花菜缺钙的表现与防治

1. 钙在青花菜中的作用　如果叶片中积累有机酸,会使细胞液呈酸性,阻碍青花菜正常的生理活动。钙可以中和青花菜叶片内部代谢及叶内反应产生的有机酸。此外,还参与青花菜体内糖分运输。

2. 缺钙表现　植株缺钙时,心叶叶尖萎缩,呈深褐色并枯死,有时幼叶中部出现褐色斑块,花蕾小,色泽发暗,花球变黄。

3. 缺钙原因　土壤中缺硼或高温多湿的条件下,会影响钙的吸收。

4. 防治措施　土壤缺钙时,每亩施用石灰 80~100kg,要深施使其分布在根层内。应急处理时,可对植株幼叶喷施 0.3%~0.5%氯化钙水溶液,0.3%磷酸亚钙溶液,每 5d 喷施 1 次。土壤中水分不足影响植株对钙的吸收,无论是保护设施栽培还是露地栽培,都要注意合理灌水,避免出现水分过少的现象。对容易发生缺钙的地块,要有计划施肥,避免氮、钾过多导致缺钙。对已发生缺钙的地块,必须控制氮、钾肥的施用。

(四) 青花菜缺钼的表现与防治

1. 钼在青花菜中的作用　钼主要参与青花菜的氮素代谢过程,是硝酸还原酶的主要组成成分。钼能促进青花菜对氮素的利用,对青花菜体内氮素的吸收、利用和贮存以及蛋白质的合成等都有重要作用。

2. 缺钼表现　青花菜植株老叶或中叶出现黄绿色或淡橙色斑点,叶片向内弯曲呈杯状,严重时叶肉退化,只剩叶尖部分,称为鞭状叶。

3. 缺钼原因 土壤含硫酸较多易缺钼,趋于酸性的土壤易缺钼,青花菜吸收钼量多易引起缺钼。

4. 防治措施 施用钼质肥料或氧化钼肥料,防止土壤变为强酸性,因为在强酸性土壤中,钼与土壤中的铁、铝结合形成不溶性的钼酸铁、钼酸铝,不能被青花菜吸收。施用有机肥及各种矿渣肥,以补充钼。在未出现缺钼症状时,每亩施 0.01%～0.05%钼酸铵或钼酸苏打溶液 100L,也可用 30～50g 钼酸苏打或钼酸铵与过磷酸钙混合后施用,或溶于 100L 水中灌根。

二、畸形花球的形成与预防措施

青花菜正常的花球结球较紧实,不松散,花球颜色鲜绿,无异色;小花蕾大小均匀,细致整齐;整个花球呈半球形,较饱满;花球无异斑,无腐烂;花球大小适中,符合出口的商品标准要求。但是,生产过程中,由于受品种特性、栽培管理技术和外界环境条件等因素的影响,常易出现不同类型的畸形花球。

(一) 早期现蕾

1. 表现症状 在青花菜植株营养体较小时,过早生长发育,形成花球,当花球直径长到 5～8cm 时,就停止生长。

2. 发生原因

(1) 低温影响。青花菜育苗后期或定植以后遇到长时间的低温,苗子徒长或老化,定植后缓苗慢。

(2) 水肥管理不当。青花菜苗期土壤干旱或产生渍害,不利于发根,氮肥不足,导致植株营养生长缓慢,即形成"僵苗",花球肥大期肥力不足等。

(3) 品种选用不当。将秋季栽培的青花菜品种用于春季栽培,由于秋季型青花菜品种春化较快,叶面积较小时极易产生花球,从而出现早期现蕾现象。

3. 预防措施 选用适宜的品种,严格掌握品种特性;适期播种,加强苗期管理,培育壮苗,防止幼苗徒长或老化,定植时选阴天,多带营养土少伤根,促进早活棵;选择耕层深厚,富含有机质,疏松肥沃的壤土,施足基肥;定植不宜太早,幼苗生长 6～7 片真叶时定植,定植后加强肥水管理,促进植株营养生长,在莲座期蹲苗后和花球形成期,及时追肥、浇水,防治病虫害。

(二) 花球带小叶

1. 表现症状　青花菜花球在发育过程中,花梗上的小叶生长发育并从花球中间长出来,叫毛叶花球或夹叶花球,球形外观差,球面凹凸不平,商品价值低。

2. 发生原因　引起青花菜花球带小叶的主要原因:一是春季播种过晚,或秋季播种太早;二是花芽分化期所需要的低温不够,或花芽分化后及花球肥大期遇30℃以上的连续高温天气,花球形成过程中的生殖生长受抑制,又引起营养生长,小花枝基部的小叶加速生长,伸出花球;三是氮素过多,营养生长过旺;四是与品种、育苗时的温度、定植苗的大小及定植密度等也有关系,一般育苗时温度越高、定植时苗越大、定植密度越高,带小叶花球发生的比率越高。

3. 预防措施　首先要选用耐热、抗逆性强的青花菜品种;其次是加强苗期管理,防止老化苗的发生,选用适龄的壮苗移栽,合理密植;三是适期播种、定植,使花芽分化处于适宜的低温条件下,花蕾肥大时防止氮肥过剩。

(三) 花球茎空心

1. 表现症状　青花菜球茎空心是指商品花球的主茎有空洞,但不腐烂,是一种常见的生理性病害。空心主要在花球成熟期形成,最初在茎组织内形成几个小的椭圆形缺口,随着青花菜成熟,小缺口逐渐扩大,连接成一个大缺口,使茎形成一个空洞,严重时空洞扩展到花茎上。空洞表现木质化,变成褐色,但不腐烂,无病原物。将花球和茎纵切或在花球顶部往下15～17cm 处的茎横切面,均可观察到空茎状况。

2. 发生原因　青花菜花茎空心的原因与过量的氮肥、缺水、缺硼、高温等多种因素引起的生理失调有关。一是氮肥施用过量,特别是在花球生长期,使植株生长过快,空茎发生率高。二是水分缺乏,营养生长期和花球生长期缺水或浇水不当,易引起空茎发生。三是温度不适,青花菜是一种喜凉作物,适宜的生长温度为15～22℃,如种植季节不当,在花球生长期遇25℃以上的高温,使花球生长过快,易造成空茎。四是缺硼,可诱导茎内组织细胞壁结构改变,使茎内组织退化,并伴随木质化过程,引起空茎的形成。

3. 预防措施

(1)选用良种。选用不易空茎的品种,这是防止青花菜空茎最有效的方法之一。

(2)适期播种。安排种植时期时,尽可能避免花球生长期遇高温,应根据所选品种的生育期适时播种,培育壮苗,适时定植。

(3)合理密植。根据品种特性确定合理的种植密度,一般行距60cm左右,株距40cm左右。

(4)配方施肥。底肥增施有机肥,测土配方施用氮磷钾复合肥和微量元素,花球生长期少施或不施氮肥,增加磷钾肥,发现缺硼、钼症状,及时进行叶面喷施硼、钼肥溶液。

(5)适时采收。采收过早,花球未充分长大,产量低;采收过晚,易空茎,而且花球易松散、枯蕾而失去商品价值。一般从现花球到收获需10～15d,收获标准为花球横径12～15cm,花球紧密,花蕾无黄化或坏死。

(四)焦蕾和黄化

1. 表现症状　青花菜焦蕾和黄化是一种生理性病害,对产品的质量有很大影响。当花球长到拳头大小时,花蕾粒变黄,叫黄化球。花球中心凹陷、变干、呈褐色,称焦蕾。

2. 发生原因　这种现象多出现在早春栽培中,由于青花菜生长前期处于低温期,植株生长慢,现蕾早,易产生小花球,生长后期高温或棚温过高,多雨少日照,或植株徒长,外叶过于繁茂,花蕾变淡变黄,易出现毛花、焦蕾等花球;临近采收期光照过强,气温升高,生长发育快,花蕾易黄化,尤其是白天温度过高,造成花球枯萎及黄化;生长期间缺硼,也常引起花球表面变褐色、味苦;采收后贮藏期间也易发生黄化。

3. 预防措施 选用生长前期对低温不太敏感的青花菜中早熟品种或早熟品种。适期播种,播期过早因定植后气温低,植株遇低温花芽即分化,这时营养体生长不良,叶少、叶小,提早现蕾花球小;播种过晚,气温迅速回升,花蕾发育期正值高温期,容易出现高温障碍,产生焦蕾。培育壮苗,主要是温度的管理,播种后,夜晚温度保持在 12℃ 以上,白天温度保持在 30℃ 以下。5~6 片真叶时定植,过晚幼苗老化,花球小,每亩定植 3 000 株左右。现蕾期和花球膨大期各施 1 次复合肥,不偏施氮肥,适量补充微肥。高温季节,如长期无雨,光照过强,当花球直径长到 3cm 时,可将靠近花球的 1~2 片叶轻轻地折弯盖在花球上。高温阶段要适时采收,而且要安排在早晨进行,以避免枯蕾、黄化,延长花球新鲜时间。采收后不宜久藏,尽快销售。

(五) 花球大小蕾

1. 表现症状 同一个青花菜花球上的花蕾,在不同部位表现出大小不一致,高低也不平,俗称满天星,影响花球品质。

2. 发生原因 主要是由于花芽分化时期遇到高温,使花芽分化不完全,或者花芽分化后,花球在发育过程中气温出现明显波动,使花蕾发育不一致。

3. 预防措施 选用对温度不太敏感的青花菜品种;培育壮苗,加强肥水管理,促进植株生长旺盛,增强抗逆性。

(六) 球色发紫发红

1. 表现症状 青花菜花球由表面正常的绿色变成紫色或红色,不仅外观品质下降,而且质地变硬,口感品质也不好。

2. 发生原因 花球形成过程中遇到突然寒流降温,花球产生花青素,引起颜色变化。这种情况主要在秋冬季收获的青花菜花球上发生。

3. 预防措施 选用耐寒性强的青花菜品种;花球形成期喷施翠康钙宝 500~1 000 倍液,可增强抗寒能力;冷空气来前 1~2d,浇水保温;可在晚上覆盖遮阳网或农膜,减轻低温冻害。

（七）散形花球

1. 表现症状 青花菜花球上，各处花蕾的发育不一致，青花菜部分花蕾发育早，部分花蕾发育迟缓，使花球发散，高低不平，似塔林状，叫散形花球。

2. 发生原因 青花菜花芽分化后，营养生长过旺，生殖生长受到抑制。一是花芽分化期遇高温，使花芽分化不完全。二是苗后期，定植后遇低温，致使花芽发育不良而造成散形花球。三是主根受损，根系发育不良也可使植株生长发育受到影响造成散花球。四是采收不及时，当花球生长达到采收标准时，未能及时采收。

3. 预防措施 适期播种，培育适龄壮苗。定植后，春季浇水要适量，勤中耕，提高地温，秋季及时浇缓苗水，降低地温，中耕疏松土壤，促进缓苗。保持田间湿度适宜，使根系充分扩展和活动，防止根腐病的发生。定植时要选嫩壮苗，促进早缓苗。保持土壤肥力均匀，切忌一次追肥量过大。及时采收，避免因人为拉长花球生长期而引起松散花球的发生。

第五章　青花菜高效种植模式

青花菜产区除西北、东北的冷凉地区是一年一茬种植,多数地区推广的是多茬轮作种植模式,有青花菜与早晚稻水旱轮作,青花菜与玉米、大豆、花生等春播作物轮作种植,青花菜与其他蔬菜连作种植,青花菜在幼林果园套作种植等模式。

第一节　青花菜夏秋季露地高效栽培

一、选用良种与适时播种

(一)品种选择和播种期

夏秋季节露地栽培是青花菜基本的栽培类型,这一栽培类型在我国各地都是比较适宜的,可以根据当地气候和上市时间来选择品种,秋季栽培前期温度比较高,最好选择耐热性比较好的品种。9月收获,适宜选择耐高温的极早熟品种。此外,收获时间对花球品质要求不高,一般只考虑主花球,选择主花球型品种。6月下旬至7月上旬播种,9月至10月上旬收获的,选择耐热的极早熟品种;7月中旬播种,10月中下旬至11月上中旬收获的,由于气温逐渐降低,适合青花菜的生长,青花菜上市量比较大,花球品质好的产品才有市场,所以要选择花球品质好的早熟品种,如亚非绿宝盆65、亚非王子65、亚非王子70、优秀、曼陀绿、绿风、早优、苏绿1号、中青1号等。7月中旬至8月上中旬播种,11月至翌年1月收获的,选择中熟和中晚熟品种,如亚非绿宝石80、亚非大头娃75、亚非95、幸运、绿带子、绿雄90等。8月中旬至9月上旬播种,南部沿海地区可以用晚熟或特晚熟品种,如亚非王子100、亚非三月鲜、圣绿、梅绿90、福星、晚绿、久绿、盛绿55、晚生圣绿180等。

（二）苗床育苗

1. 苗床准备 夏秋季节栽培，育苗期正值高温、多雨和病虫害较多的时期，伴有干旱的季节，露地育苗时苗床要选择干燥、通风凉爽、排水优良、土壤疏松且肥沃、未种过甘蓝类蔬菜的田块，以1：20的秧本田比例，留足苗地。为防止苗期强光照、雨水冲刷及避虫，最好利用网室上搭荫棚或防虫网，也可以利用大棚（只覆盖顶部，四周留空）或在苗床上搭设遮阳棚。

育苗床宜提早1个月翻耕，利用夏季高温暴晒土壤，杀死土壤中的病菌和虫卵。播种前1周进行土壤耕作。播种前要施足基肥及氮磷钾复合肥，一般每亩施复合肥25kg，全层深施；翻耕耙细地块，整平作厢，深沟高厢，厢高20～30cm、宽1.2～1.5m；苗床要求土壤下粗上松，厢面土粒细而平。用95%恶霉灵水剂3 000倍液均匀喷洒，消毒灭菌。用72%旱地除草剂异丙甲草胺乳油20mL，加水15L，播前喷洒苗床，并浇水湿透苗床。

2. 播种 播种前1d将苗床浇足底水，苗前水分调控的原则是厢面湿透、厢沟渗水，这样可以减少土壤颗粒之间的空隙，防止青花菜种子深陷，影响出苗。待水渗下后播种，播种必须均匀，常采用细沙拌和干种子直播的方法，可以条播或者撒播。条播时要在厢面上划压深1cm、厢距7～8cm的播种小沟，每隔1cm播1粒种子（若不分苗，则要间隔3～5cm播1粒种子）。播后覆盖一层细土，盖土厚度以看不到种子为宜，不能太厚。再在苗床上盖稻草或遮阳网，保湿降温。播后应每天早晚各浇1次水，以保持土壤湿润，一般2～3d即可出苗，出苗后要及时揭掉厢面上的覆盖物，改用小拱棚加遮阳网．为防止大雨对幼苗的影响，可在遮阳网下加盖一层2m宽的薄膜，晴天时将膜放在遮阳网下的棚顶，下大雨时拉下挡雨，遇台风、暴雨要盖实薄膜，拉紧遮阳网。

（三）穴盘育苗

为了保护根系，缩短定植后的缓苗期，培育健壮的幼苗，最好用穴盘育苗，并可以减少用种量。穴盘育苗也要做苗床，一般用72孔的穴盘，育苗基质可以购买，也可以自己配制。装土之前，用水调节基质含水量至60%左右，即用手紧握基质，成团而无水渗出，将预湿的基质装入穴盘，充实后将盘面刮平,然后用喷壶反复浇透水,再进行压孔,孔深 0.5cm。将压好孔的穴盘两个一排整齐排放在苗床上,每孔播 1 粒饱满种子,播后覆盖一层基质,再喷透水,盘面再盖上一层遮阳网,出苗后及时去掉覆盖物。

(四) 培育壮苗

幼苗出土后,必须做到每天上午、午后、傍晚 3 次田间观察,观察厢面土壤的干湿和日照的强烈程度或雨天的田间排水情况,并调节温度和水分。苗床中要见干见湿,每天早晚用洒水壶或喷头,在遮阳网上向苗床内各浇 1 次水,幼苗 3~4 片叶时每天浇 1 次水,嫩苗早浇水,老苗晚浇水,尽量避免在浇水后遇到阴雨天气。

幼苗子叶转绿至 2 叶 1 心为青花菜幼苗的基本营养期,此期间如果根系生长和吸收不良,苗床温度过高,都易使幼苗发育不良,此时的管理是培育壮苗的关键,一定要加强几个方面管理。一是及时加盖遮阳网,10:00—16:00 时盖遮阳网降温,其他时间揭开,阴天和下雨时不盖,间歇盖网时间历时 1 周;二是加强水分管理,雨后及时清沟排水,保证田间不积水,晴天土表见干后及时浇水保墒;三是防止台风、暴雨的冲刷,关注恶劣天气的天气预报,做好各项防灾措施;四是加强病虫害的预防,用甲维盐和恶霉灵防治虫害和预防立枯病、猝倒病的发生。

幼苗长出 1~2 片真叶时,间苗 1 次,去除细弱、过密小苗,使苗床幼苗生长空间达到每 10cm² 种植 1 株的密度。2 叶 1 心后要加强虫害的防治,可用 5% 氟虫腈悬浮剂 1 500 倍液防治小菜蛾、菜青虫及菜螟,用 20% 虫酰肼悬浮剂 1 000 倍液,加 10% 高效氯氰菊酯乳油 1 500 倍液防治甜菜夜蛾和斜纹叶蛾,用 10% 吡虫啉可湿性粉剂 3 000 倍液防治蚜虫。

(五) 适时分苗

播种 15~20d 后,幼苗有 2~3 片真叶时,对过密的幼苗需分苗假植。分苗床每平方米施用腐熟有机肥 15kg,复合肥 50g,与土壤混匀后做成高厢。分苗要在阴天或晴天傍晚进行,按照 8cm×10cm 的株行距分苗。分苗后及时浇定根肥水,促进活棵。对稗草、千金子等单子叶杂草多的苗床,可用 5% 精喹禾灵乳油 500 倍液喷雾除草。此外,要勤浇水,浇水量要适当,保持苗床既不缺水也不过湿。为提高秧苗素质,阴天及夜里应揭去遮阳网,定植前 7d 左右揭去遮阳网炼苗。定植前 3～4d 浇施 1 次 1％尿素溶液,再喷 1 次 0.5％甲维盐微乳剂 2 500 倍液,加 75％百菌清可湿性粉剂 700 倍液防病治虫害,做到带肥、带药移栽。

二、精细整地与规范定植

(一)翻耕整地,施足基肥

选择有机质丰富、排灌方便、保肥力强的壤土,pH 值一般为 5.8～8.0,以 pH 值 6.0 为宜。前茬非十字花科蔬菜的田地,整地翻耕作垄,一般在定植前 7d 左右深翻耕、晒土。翻耕前每亩施腐熟有机肥 1 000～1 500kg、硫酸钾 20kg,耕后整地前再施尿素 5～10kg、95％硼砂 2kg。对未施有机肥的田块,耕前每亩撒施含硫三元复合肥 35kg、过磷酸钙 40kg,耕后整地前再施尿素 10kg、95％硼砂 2kg;或每亩施青花菜专用有机复混肥 150kg。整地要求深沟高垄,垄面平,垄宽连沟 1.2m,其中沟宽 30cm、沟深 20～30cm,并开好深腰沟,每垄定植 2 行。

(二)及时定植,合理密植

当幼苗 5～6 片真叶、苗龄 30～35d 时进行定植。选择阴天或晴天下午 3 时后定植。起苗前,提前 1～2d 将苗床浇透水,促使起苗时尽可能多带土护根。如穴盘育苗,可以直接带土定植。植株营养体大小决定花球大小,如用细弱苗定植,即使以后再施足肥料,对其生长也无用,所以要选择生长健壮、无病虫害、根系发达的苗定植。定植时浅栽轻压,以子叶处露出地面为宜。定植密度根据品种而定,一般早熟品种植株体较小,可以密植,每亩可定植 3 000 株左右;中熟品种行距 60cm,株距 45cm,每亩可定植 2 500 株左右;晚熟品种行距 60cm,株距 50cm,每亩可定植 2 200 株左右。

三、田间管理

(一)合理追肥

获得丰产的关键,体现在植株现球前形成足够大的营养体,才能为花球的形成提供充足的养分。定植后肥料供应不足,就会减产并造成花球质量低劣。早熟品种,由于生长期较短,追肥可以少施,以基肥为主;中晚熟品种的生长期较长,采收期也长,需要消耗的养分多,因此除施足基肥外,还要分次追肥。

青花菜需肥量较多,在施足基肥的前提下,要及时追肥。一般每亩总需肥量为氮 $25\sim35kg$、钾 $20\sim25kg$、磷 $15\sim20kg$,其中磷肥和大多数氮、钾肥作为基肥施入,其余的氮、钾肥在定植后分 $2\sim3$ 次追施。早中熟品种只需追 2 次肥,第一次追肥在定植后 $7\sim12d$,结合培土,追发棵肥,每亩开沟施复合肥 $8\sim10kg$ 或施尿素 $10\sim15kg$;第二次追肥在植株封垄前或当花蕾直径 $2\sim3cm$ 时,每亩施复合肥 $25\sim30kg$、氯化钾 $10kg$。晚熟品种需要追 3 次肥:第一次追肥在定植后 $14\sim21d$,每亩开沟施复合肥 $5\sim8kg$ 或尿素 $10kg$;第二次追肥在接近现蕾时,约定植后 $35d$,每亩施复合肥 $15\sim20kg$、氯化钾 $5\sim10kg$;第三次追肥在花蕾直径 $2\sim3cm$ 时,每亩再施三元复合肥 $25\sim30kg$,收获前 $20d$ 不能追施无机氮肥,以免硝酸盐超标。后期可喷施 10% 液体硼肥 600 倍液,加 0.4% 磷酸二氢钾肥液 2 次,每次间隔 $5\sim7d$。切不可偏施氮肥,否则会使花球松散、空心、品质下降,同时又会降低侧花球产量及引发腐烂病。此外,中晚熟品种多属侧枝型(即主、侧花球兼用),在顶花球收获后,可根据地力条件和侧花球生长情况适量追肥,通常应在每次采摘侧花球后施 1 次薄肥,以便收获较大的侧花球和延长收获期,提高产量。

青花菜的生长过程中前期以促为主,多浇水,为了防止土壤板结,活棵后即需要中耕松土,增加根部的透气性,促进根系的发育,减少水肥流失。多风地区,还要注意培土防倒伏,在生长后期还应及时摘除老叶、病残叶,以利于通风透光。

(二) 抗旱排渍

青花菜对水分要求比较严格,土壤持水量为 $70\%\sim80\%$ 条件下,生长较好。秋季青花菜定植后温度较高,气候逐渐干燥,水分蒸发快,需要在定植后,连续数天每天浇 1 次水,保证活棵,成活后适当控水,促进发根。生长过程中要经常浇水,保持田间湿润,特别是结球期,不可干旱,否则会造成花茎空心、裂茎。结球后期控制浇水量,采收前 7d 禁止浇大水,减少花球含水量。可以采取沟灌的方式补水,要注意随灌随排,不易串灌和漫灌。水分也不宜过多,积水会对植株的生长造成较大的影响,使其不易发根,甚至根茎部腐烂,生长势弱,下部叶片脱落,且容易引起花茎黑心及黑腐病,此外,雨季要注意排水。

(三) 防治病虫草害

夏秋栽培季节由于气温高、雨水多,病虫害发生较严重,青花菜苗期应做好猝倒病和立枯病的防治,现蕾前要预防霜霉病、病毒病、黑腐病、菌核病等病害。同时,要注意防治菜青虫、小菜蛾、蚜虫、黄曲跳甲等害虫。

四、保优采收

花球发育达到相当紧实、大小花蕾尚未松开之前,就可以采收。采收的表现特征是球充分长大,表面圆整,边缘尚未散开,花球较紧实,色泽深绿。青花菜的收获期比较严格,采收必须做到适期、及时。过早采收花球小,产量低;过迟采收花球易散开,降低商品品质和食用品质。采收通常是花球基部连带 10cm 的花茎一起切割。此外,青花菜的花蕾细嫩,不耐贮运,采收后需要及时包装,运输过程中要防压防震。对于一些特殊出口的青花菜花球,还要求花球呈蘑菇形,花蕾细致紧密,颜色浓绿,花茎长度应不短于 18cm,带叶平割,不空心等。

第二节　青花菜秋冬季露地高效栽培

一、选用良种与适时播种

(一) 品种选择和播种期

南方地区由于冬季比较温暖,适合青花菜进行露地越冬栽培。秋冬季栽培的气候特点是前期温度较高,生长后期温度较低,因此适宜选择适应性广、耐寒性强的早中熟品种。在江淮以南地区，日平均气温都可以达到5℃以上，11—12月收获的青花菜类型都可以种植。长江流域要选择早中熟和中熟品种，一般选择主花球专用品种。8月上旬至9月初播种，1月日平均气温在5℃以上的地区，可以种植12月至翌年1月收获的青花菜类型。华南和西南地区可以选择中熟品种，一般9月下旬播种，由于此季节生产的青花菜品质好，价格高，一般选择主、侧花球兼用品种，提高种植效益；另外，1—2月收获的类型，要选择耐寒性更强的中晚熟品种和晚熟的主、侧花球兼用品种，宜在9月播种。

(二) 播种育苗

1. **苗床准备**　育苗时苗床要选择地势高、干燥、排灌方便、土壤疏松肥沃、未种过十字花科蔬菜的田块。为了保护根系、缩短定植后的缓苗期，最好用穴盘育苗，并可以减少用种量。播种前翻耕、暴晒土壤，杀死土壤中的病菌和虫卵。耕前每 $10m^2$ 苗床施入 150kg 腐熟有机肥、0.5kg 复合肥，肥料与土混匀，耙碎后整平做厢，苗床要求土壤下粗上松，厢面土粒细而平。播种前还需要用 95％恶霉灵水剂 3 000 倍液均匀喷洒，消毒灭菌和杀灭地下害虫，72％旱地除草剂异丙甲草胺乳油 20mL，加水 15L 喷洒苗床。此外，播种前 5d 适当洒水，然后覆盖薄膜待用，提供一个良好的生长环境。

2. **精细播种**　播种前将种子与一定量的细土或细沙混匀，然后撒播，每平方米播种量4～5g。播种前1d将苗床浇足底水，减少土壤颗粒之间的孔隙，防止青花菜种子深陷影响出苗。播后喷少量水，再盖一薄层过筛细土，厚度约1cm，再在苗床上盖一层稻草或遮阳网，保湿降温。播后应每天早晚各浇1次水，以保持土壤湿润，一般2～3d即可出苗，出苗后要及时揭掉厢面上的覆盖物，改用小拱棚加遮阳网。

(三) 培育壮苗

秋冬季栽培类型，播种育苗期，同夏秋季栽培一样，经常会遇到连续高温、暴雨、台风等不良天气，因此苗期管理基本一样，主要以降温保湿为主。育苗期间要利用大棚等防雨遮阳等设施育苗，可以大大降低苗期的管理难度，不仅可以预防不良天气、病虫害的影响，而且即使在大田定植时，由于客观原因或定植期间连续下雨不能定植,幼苗可以在大棚等设施内,人为控制其生长,保证定植时有壮苗。

出苗后要及时间苗。一些幼根暴露在外或出现"戴帽苗"的,要轻撒一些过筛细土护根。秋冬季栽培从播种至定植,一般苗龄在 40d 左右,具有6～7 片真叶,在这一生长过程中,如果苗之间过密,造成植株下部叶片互相重叠,极易形成生长势强弱明显不同的苗,当苗具 2～3 片真叶时分苗1 次,株行距为 8cm×10cm,分苗活棵后,可根据苗期适当浇稀粪水。

二、整地施肥与规范定植

(一)整地施肥

定植田以选择有机质丰富、排灌方便、保肥力强且前茬非十字花科蔬菜的田地为宜。提前半个月深耕晒土,翻耕前每亩施腐熟有机肥 3 000kg、复合肥 50kg、硼肥 1kg,耕入土地,混匀后做深沟高厢,厢面要求平整。一般定植时,要求厢宽连沟 1.8m,每厢栽 3 行,其中沟宽 30cm、沟深 30cm,并开好深腰沟。

(二)合理密植

当幼苗有 6～7 片真叶、苗龄 40d 左右时定植,选择阴天或晴天下午4 时后定植。定植前 1d 将苗床浇透水,起苗时尽可能多带土少伤根。如是穴盘育苗,可以直接带土定植。要选择生长健壮、无病虫害、根系发达的苗定植,定植时浅栽轻压,以子叶处露出地表为宜。定植密度根据品种、地力及花球大小不同而适当调整。中晚熟品种,每亩可种植 2 500 株左右。

三、田间管理

(一)控制水分

青花菜秋冬季定植后气候逐渐干燥,定植后连续数天每天浇 1 次水,保证活棵。成活后适当控水,促进发根。在以后整个生长过程中要多浇水,保持田间湿润,特别是结球期不可干旱,否则会造成花茎空心、裂茎,此外,采收前 7d 禁止浇水,减少花球含水量。

青花菜是深根性作物,积水过多对植株的生产造成较大的影响,使其不易发根、生长势弱,且容易引起花茎黑心及黑腐病。因此,水分管理要根据田间土壤墒情进行浇水、排水。

(二) 合理追肥

青花菜秋冬季节栽培,主要是中晚熟品种,生长时间较长,采收期也长,需肥量较多。在施足基肥的同时,还要追肥 3～4 次。由于 9—11 月外界气温较适合青花菜生长,营养生长量较大,也是决定后期花球形成大小的关键时期。因此,定植后在莲座期必须提供充足的肥水,使得茎叶迅速生长,为以后的花球生长打下营养基础,同时应该结合中耕进行除草、培土和施肥。定植后 15d 左右追 1 次发棵肥,可以用锄头铲松表土,除草后,再用小锄头在株间开穴施入肥料,一般每亩开沟施复合肥 5～8kg 或尿素10kg;10～12 片叶时追开盘肥,以尿素和硫酸钾为主。在现蕾期要追花球肥,每亩施复合肥 15～20kg、氯化钾 5～10kg;在花球发育过程中用 0.2%硼砂,加 0.2%磷酸二氢钾溶液进行根外追肥 1 次,促进小侧枝的发育。

(三) 中耕松土

由于农事操作、雨水冲击引起地面板结,不利于根系的生长,活棵后需要中耕松土,结合除草增加根部的透气性,促进根系的发育,减少肥水流失。此外,中耕施肥后还要注意培土,防止肥料流失,促进主茎基部萌发不定根,增强对营养的吸收,促进生长发育。对于多风地区,还要注意培土防倒伏,在生长后期还应及时摘除老叶、病残叶,以利于通风透光。

四、病虫害防治

秋冬栽培前期气候和夏秋季节栽培相同,由于气温高,雨水多,病虫害发生较严重,苗期应做好猝倒病和立枯病的防治,现蕾期一般气候比较凉爽、干燥,病害较少,早熟品种 10 月前采收的类型要预防霜霉病、病毒病、黑腐病、菌核病等病害,虫害有菜青虫、小菜蛾、蚜虫、黄曲跳甲等。

五、适时采收与确保品质

花球发育相当大,各小花蕾尚未松开之前,就可以开始采收。收获季节对花球品质的要求,一般保鲜加工用花球重300g左右、球径11～15cm、球高13～14cm,茎不能空心,带3～4片叶采收。如作为鲜销,可在主花球充分长大还未散球时将花球连同部分肥嫩花茎割下。此季节收获期温度较低,花球不易散花,适收期可以延长。

第三节　青花菜冬春季露地高效栽培

近年来,南方地区青花菜冬春季露地栽培面积扩大,秋冬低温季节播种,利用保护地设施育苗,至翌年春季定植,温度回升后结球,4月下旬至6月初采收,延长了采收期,栽培效益可观。

青花菜冬春季栽培的关键技术是合理选用品种、适期播种,而且要利用保护设施保温育苗,确保青花菜正常越冬,并有一定的生长势,翌年青花菜花球膨大期处于较适宜的温度,确保品质与产量。

一、选用良种与适时播种

（一）品种选择

冬春季栽培的气候特点为苗期温度低,生长后期温度升高快,不能选择早熟品种。否则,会造成先期抽薹现象,也不能选择晚熟品种,晚熟品种在低温下才能结球,但其生育期长,结球期将会遇上较高的气温,从而不能结球或形成松散的或品质差的花球。春季栽培青花菜应选择适应性强、耐寒、较耐热、不易抽薹、株型紧凑、花球紧实的中熟或早中熟品种,如绿岭、里绿、蔓陀绿、蒙特瑞、中青1号、碧松、博爱1号等。

（二）适期播种

南方各地区冬季气候条件相差较大,各地可以根据当地气候条件和上市时间安排播种时间,浙江沿海以及华南、闽南、西南等地一般为 11 月下旬至 12 月上旬播种,穴盘保温育苗或在大棚等保护地内育苗或栽培,平原地区最适合时间为 12 月上中旬,高山地区一般为 12 月下旬至翌年 1 月中下旬。长江流域冬春茬于冬季 1 月下旬温室育苗,3 月下旬露地定植,5—6 月采收上市。

(三) 苗床准备

培育壮苗是保证春季青花菜稳产、高产的前提。冬春季节栽培的青花菜,为避免低温造成冻害和提早抽薹,应采用大棚冷床育苗,必要时需采用多层覆盖保温或温床育苗。有条件的要提倡采用直接播种,在营养钵中或穴盘中育苗,不仅起到护根的作用,而且节约用种量,可降低生产成本。此外,穴盘育苗无须假植分苗,且定植时可缩短缓苗期。

育苗地应设在离水源较近、地势高、排水好、背风向阳的地方,在保护设施光线充足的部位设立苗床,前茬不宜是十字花科作物。每亩青花菜约需要 $4m^2$ 的苗床。每平方米苗床施入过筛圈肥 5～6kg、氮磷钾三元复合肥 1.5～1.8kg,苗床做好后,将床土整平耙细,稍稍压实,播前 5d 适当洒水,然后覆盖地膜待用。

(四) 种子处理

在播种育苗前应对种子进行消毒处理,常用温水浸种和药剂处理 2 种方法。药剂处理可以杀灭附着在种子表面的病原菌,温水浸种对杀害一些潜伏在种子内部的病原菌有一定的作用,如将两种处理结合起来,效果更好。具体做法是先将种子放入 55～60℃的温水中,立即搅动种子,使种子快速下沉,水温保持 55℃的恒温不断搅动种子,10～15min 后捞出种子,再放入 1%百菌清或多菌灵溶液中,浸泡 5min 左右后捞出,用清水洗净,再用 35℃的温水继续浸泡种子 2～3h,浸种结束后将种子捞出催芽或直接播种。

(五) 精细播种

播种前,先将覆盖于苗床的薄膜揭掉,用水将苗床淋透,然后播种。一般进行条播,条间距 6～7cm,条沟深 0.5cm 左右,播种距离 1cm。也可进行撒播,把种子和细土拌匀,再均匀播撒在苗床上,用细土覆盖,盖土厚约0.5cm,以看不到种子为宜,太厚容易出苗慢,太薄容易出苗后胚根露在苗床外或出现"戴帽出土"现象,不利于幼苗正常生长。播种后,搭盖塑料薄膜小拱棚保湿、保温。

若采用穴盘育苗的方法,最好选用72孔的穴盘,营养土可以购买,也可以用草炭和蛭石按3∶1比例混匀,或选用菜园土、堆肥和草炭等量配制,每穴播种2粒,覆盖细土,再盖塑料小拱棚。

二、苗期管理

冬春季温度低,育苗的关键是保温防寒,通过揭盖草苫和农膜来进行温度调控。播种至齐苗前苗床的温度要保持在白天20～25℃、夜间15℃左右,促进小苗出土。待大部分苗出土后,撤去薄膜,待苗上无水汽时覆上一层细土,此后苗床温度要适当降低并通风换气,温度白天控制在15～20℃、夜间在10℃左右,以防止徒长。幼苗易受冻害或冷害,为避免淋水引起地温急剧下降,苗期应注意控制浇水次数和浇水量,防止因棚内湿度过大而引起猝倒病等多种病害的发生。

幼苗长到2叶1心时要进行分苗,提前准备好分苗床,每亩青花菜需要20～25m² 苗床。分苗床要增施肥料,每平方米施入腐熟有机肥5～6kg,粪土掺匀后整平厢面。分苗前给苗床浇1次小水,分苗时选用大苗、壮苗,按照8～10cm² 分苗,分苗行距10cm、株距8cm。分完后即可浇水,温度偏低的时候,要在分苗床上覆盖薄膜。

分苗3～4d后浇缓苗水,并撤去薄膜,缓苗期间注意保温,适当提高棚内温度,使幼苗尽快恢复生长。温度白天保持在20～25℃、夜间15℃左右。缓苗后逐渐降低温度,白天15～20℃、夜间10℃左右。幼苗长至3片真叶时候,易发生苗期立枯病等病害,长至4～5片真叶时候易发生霜霉病,注意防治,整个苗期可视生长情况追肥1～2次,可以用复合肥。

定植前1周要进行炼苗,可以在晴天中午通风降温,使幼苗适应定植场所的温度条件,有利于提高幼苗适应外界不良环境的能力,促进幼苗定植后尽快缓苗,提高定植成活率。每天进行的炼苗时间应逐渐延长。

三、规范定植

春季露地定植时,外界气温以 10℃左右为宜,长江中下游地区一般在 3 月中下旬定植,浙江沿海平原地区和西南地区一般在 1 月下旬至 2 月上旬定植,华南和闽南地区一般在 1 月上中旬定植。冬春季节温度低,秧苗生长慢,苗龄一般在 45～60d、具 4～5 片真叶即可定植。采用棚内育苗露地定植的,宜根据露地定植的适宜时期,调节育苗棚内的温度、湿度,确保秧苗能按期移栽。

青花菜适宜选择土层深厚、肥沃、排水良好的沙壤土栽培。定植前要翻晒土壤,每亩用腐熟圈肥 2 000kg,加过磷酸钙或钙镁磷肥 50kg,混合堆沤后再加复合肥 30kg、硼酸 1kg,混匀后撒施。施肥后深耕细耙,打碎土块,按 1.5m 宽开沟起垄、沟底至垄顶 20～25cm。整地后喷除草剂乙草胺或丁草胺封闭,防草害。

为了保证现蕾前形成健壮的根系,选用壮苗定植是关键。春季栽培定植一般在日平均气温 10℃时进行,在此温度下苗质量的好坏直接影响活棵及发根的好坏。选择晴天温度较高的时候定植。一般株距 35～40cm,依品种不同,每亩栽 2 500～3 000 株。

采用地膜覆盖栽培,不但可提高地温,保墒防涝,减轻杂草危害,海涂地还可延缓返盐,减轻盐害,明显提高植株生长势和增强植株抗病性,增产效果明显。盖地膜时要拉平压紧,使地膜与厢面密接,定植时按照行株距用直播器打孔 5cm 深,将幼苗放入洞内,用细土盖封压严。若采用穴盘育苗,定植孔可开大一些,定植前可用洒水壶向营养土淋透水。每厢定植 3 行,对称定植或交叉定植,定植深度以不掩盖幼苗子叶为标准。覆盖地膜的在浇水后用厢沟中细土逐棵覆盖定植孔,以防杂草滋生和热气外泄。定植后及时浇定根水,促活棵。活棵后因气温低,蒸发量较小,一般不需浇水,如土壤过干,可在中午温度较高时浇稀薄人粪尿。

利用小拱棚适当提早定植,通过小拱棚来提高温度,促进植株前期生长,当气温回升时,应注意通风换气,使小拱棚内最高温度不超过 30℃,到 3 月下旬至 4 月上旬,植株较大时应及时去掉小拱棚。

四、田间管理

（一）温肥调控

冬春季青花菜栽培生长前期处于低温季节,生长量小,而青花菜的植株大小与花球产量关系密切,且生长后期温度升高快,对青花菜的花芽花蕾分化和花球形成不利。生长前期要求做好保温工作,尽早开沟排水防冻,遇突发性大霜或冰冻天气应采取遮阳网浮面覆盖的补救方法。青花菜需肥较多,前期一定要施足基肥,促进早缓苗,缓苗后稍微控制肥水,以提高抗逆性。3 月下旬天气转暖后要及时追肥,以促为主,一促到底,特别是花球膨大期要重施肥,结合中耕除草,一般每亩用尿素 10kg,加硫酸钾 8kg,促进花球膨大。结球期间用 0.1％硼砂、硫酸镁、磷酸二氢钾等混合液喷施 2～3 次进行叶面追肥,防止花茎空心。

（二）水分管理

2 月下旬天气转暖后,青花菜生长前期气温低,一般无须浇水,为避免浇水引起地温急剧下降,必须浇水时宜在中午进行,浇水量也不宜过多。气温回升后,要保持土壤一定的湿度,特别是结球期切勿干旱,以免抑制花球的形成,导致产量下降。露地栽培的大雨后要及时排水,切勿积水,以防病害的发生与蔓延。

五、病虫害防治

春季露地栽培苗期主要病害有猝倒病、立枯病,防治方法要求在做好种子处理和苗床管理的基础上,猝倒病发病初期用 72％霜霉威水剂或 64％恶霜·锰锌可湿性粉剂或 60％氟吗啉可湿性粉剂 500～600 倍液喷雾;立枯病发病初期用 10％苯醚甲环唑水分散粒剂 1 500 倍液喷雾。

生长期病害有霜霉病、菌核病、黑腐病、软腐病等,除搞好农业防治技术外,化学防治方法是:霜霉病发病初期用 60％氟吗啉可湿性粉剂、64％恶霜·锰锌可湿性粉剂、58％甲霜灵可湿性粉剂、72％霜脲·锰锌可湿性粉剂 500～600 倍液喷雾;菌核病在发病初期及多雨天用 50％异菌脲悬浮剂

1 000倍液或50％腐霉利可湿性粉剂1 500倍液喷雾；黑腐病、软腐病在移栽成活后用80％波尔多液500倍液或77％氢氧化铜可湿性粉剂500倍液或47％春雷·王铜可湿性粉剂800倍液喷雾。

虫害主要有育苗前期及生长后期温度回升后发生的蚜虫，用10％吡虫啉可湿性粉剂2 500倍液或20％吡虫啉可湿性粉剂5 000倍液喷雾防治。

此外，病虫害防治的农药要注意轮换使用，一般间隔7～10d防治1次，连续2～3次，最后1次用药需要严格遵守安全间隔期。

六、采收

冬春季栽培的青花菜，前期温度低时，可根据市场行情及商品需求，分期分批及时采收花球上市。当花球紧密、坚实、深绿色、花粒小、单个花球达到标准重量时为采收期，适宜晴天早上10时以前采收，下雨天不采收，一般每天采收1次。生长后期，温度高，花球容易散球，采收季节短，且采后花球易失水软萎，失去新鲜度，要及时采收，防止影响商品性。

第四节　青花菜冷凉地区夏季高效栽培

青花菜适宜于在冷凉气候生长，南方地区一般只能在春、秋、冬季栽培，也可以充分利用山区海拔较高、夏季气温较低、昼夜温差较大的气候条件，在海拔500m以上的地区较大面积地进行夏季栽培，再配合相应的遮阳、防雨等措施，就可以获得商品性较好的花球，使产品在盛夏淡季上市或远销出口日本等国家淡季市场，经济效益可观，且其生育期短，有利于开发多熟制栽培。山地夏季种植青花菜，不仅填补了夏秋季市场的空白，而且只要交通便捷，也可以成为山区致富的一条新途径。

一、选用良种与适时播种

夏季栽培成败的关键是选用耐热、抗病品种与科学安排播种时间。一般选择东京绿、巴绿、里绿、珠绿、美绿等早熟、耐热、抗病的优良品种。夏季育苗 30d 左右即可定植,宜在 4 月下旬至 6 月上旬播种,5 月中下旬至 7 月上旬定植,7 月中下旬至 9 月上旬采收,具体到各地区播种时间是,华南地区 4 月中下旬、西南地区 5 月中下旬、长江流域 6—7 月。另外,还要根据播种地的海拔高度安排播种时间,一般海拔 1 000～1 200m 地区,在 6 月下旬至 7 月中旬播种,海拔 800～1 000m 地区,在 7 月中旬至 8 月上旬播种。为了便于采收与销售,最好进行分期播种,5～7d 播种一期,在 9 月下旬至 11 月中旬采收,争取在沿海产品大量上市前采收结束,这样有利于提高产品价格,创造较好的经济效益。

　　夏季栽培青花菜处于高温多雨季节,培育壮苗是关键。3—4 月播种的青花菜,由于气温较低,选择的早熟品种容易感应低温而春化,植株尚小时就提前现蕾,花球小、商品性差。所以,这一段时间育苗,温度管理是栽培成功的关键,一定要利用设施进行保温育苗,保证幼苗顺利生长。育苗前期温度控制在 20℃左右,后期适当降温,定植前 1 周炼苗,提高幼苗适应性。5—6 月育苗的,温度已经较高,雨水也不是很多,为了培育壮苗一般选择地势高、通风凉爽、排水优良、土壤疏松肥沃的地方并搭建避雨设施育苗。

　　播种前要施足基肥和复合肥,保证苗期充分的养分供应。翻耕耙细田块,整平做厢,厢面要求土粒细而平。播种前浇足底水,干种子播种,可条播或撒播,播后撒一层细土,然后在苗床上盖一层稻草或遮阳网,保温降湿。用穴盘或营养钵育苗,方便管理,有利于缓苗。基质购买或自己配制,采用园土与腐熟有机肥混合,每亩需园土 600kg、腐熟猪牛圈肥 100kg、三元复合肥 5kg,混合均匀后用塑料薄膜覆盖密封堆积 10d 左右,播种前装入穴盘或制营养钵,浇透水后将种子直播,每穴 1～2 粒种子,然后撒一层细土,并覆盖遮阳网。

二、培育壮苗与适龄移栽

(一)苗床管理

　　一般播种后 2～3d 即可出苗,出苗后要及时揭掉覆盖物,同时在苗床上搭荫棚,高 80～100cm,保持苗床良好的通风。在晴热天中午前后盖上遮阳网,阴天揭掉。因为苗期处于高温季节,苗的生长速度快,苗期比冬春季节短,要注意防止幼苗徒长和雨水直接冲刷幼苗。因此,雨天要在小拱棚上覆盖薄膜,塑料薄膜边沿高度与青花菜苗齐平或高于青花菜苗,使其可以通风。温度不太高的晴天让苗充分见光,自然生长。夏季气候炎热,蒸发量大,需要给苗床早晚各浇 1 次水,保持土壤湿润,幼苗长至 1~2 片真叶时,结合间苗,根据苗情适当追肥 1 次。

(二) 分苗

幼苗长至 2~3 片真叶时要分苗。分苗床每平方米施腐熟有机肥 5~6kg,复合肥 50g,与土壤混匀后做成高厢。分苗要在傍晚进行,按照 8cm×10cm 株行距分苗,分苗后及时浇水。高温时中午要用遮阳网在苗床上搭荫棚降温,也可以不分苗,但播种要稀,出苗后要间苗,保证苗床通风良好。分苗后注意勤浇水,水量要适当。夏季育苗苗龄不宜太长,以免造成小老苗,导致定植后株型矮小,生长势弱,早期现球而减产。一般育苗苗龄为极早熟品种 25~30d,具 5 片真叶为宜;早熟品种 30~35d,具有 6 片真叶为宜。此外,还要防止幼苗徒长,以免形成弱苗、高脚苗,导致植株容易倒伏,影响花球产量。

三、选地深耕与施足基肥

根据青花菜的生长特性及其对环境条件的要求,种植地要选择海拔800m 以上、土层深厚、有机质含量较高、排灌条件良好、保水保肥力强、沙黏适中的土地,前茬为瓜类、豆类或水稻的地块栽培较好,切忌选用前作种植甘蓝类的田地。前茬作物收获后,进行清耕除草,深耕晒地。南方山区土壤多数酸性较强,有效磷含量偏低,在定植前每亩要施入石灰粉 50~75kg,并且配施适量的硼、铝等微量元素肥,结合深翻晒白,深耕厚度为25~30cm。基肥在移栽前 10~15d 进行全层施用,每亩用腐熟厩肥 2 000~3 000kg;或用复合肥 100kg 左右、钙镁磷肥 50kg。青花菜对微量元素硼需求量较大,因此无论用化肥或有机肥作基肥,每亩都要施入硼砂 2kg,以满足其生长发育的需要。

四、规范移栽与合理密植

青花菜是一种喜温光而怕炎热、喜湿润而怕浸渍的作物。为了提高光能利用率,增加土壤通透性,改善田间小气候,采取深沟高垄栽培,合理密植。特别是南方山区雨水偏多,采用深沟高垄栽培更有特殊意义。一般垄带沟宽 1.1～1.2m、垄高 25～30cm,四周排水沟及田中腰沟要求深 30～35cm,做到沟沟相通,易灌易排。此栽培季节采用的品种属于早熟品种,有利于密植,一般行距 50～55cm、株距 35～40cm,每亩种植 2 800～3 200 株。

幼苗长至 5～7 片真叶时,选择生长健壮、无病虫害、根系发达的苗定植,定植应选择阴天或晴天傍晚时进行。苗床育苗的,起苗前 1d 浇透水,起苗时尽可能多地带土护根,减少伤根。穴盘育苗的,可以直接带土定植,定植时避免根系弯曲,采用浅穴移栽方法,穴深 5～8cm,定植后覆土至子叶处,并浇定根水。

五、田间管理

(一) 合理追肥

夏季栽培青花菜一般为早熟品种,生育期较短,追肥可以少施,宜以基肥为主。一般要进行 2 次追肥,第一次追肥在移栽后 15～18d 进行,每亩用尿素 5kg、氯化钾 5kg。第二次追肥在移栽后 37～40d 进行,此时已进入莲座期,即将现蕾,是需要大水大肥的时期,要及时重施现蕾肥,促进花蕾快速生长,每亩可用硫酸钾复合肥 15～20kg,在离茎基部 15～20cm 处开穴深施,施后及时扒土覆盖,并浇水湿润土壤,使肥料溶解吸收。为了促进植株健壮生长,提高花球成品率,可选用双效微肥、喷施宝等叶面肥,在苗期、生长旺盛期、现蕾期各喷施 1 次。

追肥应选择在晴天的清晨或傍晚进行,不要在高温条件下追肥。青花菜生长前期处于多雨季节,追肥要避开雨季,防止肥料流失,但也不宜在土壤过干时进行,否则追施的肥料不易散开,使局部浓度过高,造成植株烧根。

（二）科学灌水

青花菜生长期间要保持土壤湿润，移栽后要浇水护苗，覆盖遮阳物，提高成活率，成活后适当控水，有利于根系深扎。生长中后期需水量大，而且夏季水分蒸发快，遇干旱时每天傍晚都要浇水，或 3d 左右顺垄沟浇 1 次跑马水，保持土壤湿润，垄面宜用稻草覆盖，减少水分蒸发。同时，7—9 月台风暴雨频繁，要及时地进行清沟排水，达到雨停厢沟不积水的要求。

（三）中耕培土

夏季温度高、湿度大、杂草生长速度快，活棵后就需要中耕松土、除草，调节土壤温、湿度，防止土壤板结，促进土壤中空气的交换，增加根部的透气性，促进根部的发育，减少肥水流失。青花菜在封行前要进行中耕培土 1～2 次，封行后不再进行中耕。夏季不仅雨水多且经常伴随有大风，青花菜暴雨后根系容易露出地面，植株不稳，倒入行间沟中，或拥挤在一起，影响花球生长，台风暴雨过后要及时进行培土稳固植株，一般要培土数次。松土要以浅锄为主，注意不能锄伤根系。

六、病虫害防治

夏季青花菜病虫害较为严重，应重视预防，及时防治。主要病害有猝倒病、立枯病、霜霉病、病毒病等；虫害有小菜蛾、菜青虫、蚜虫、斜纹夜蛾、甘蓝夜蛾等，防治方法如下。

（一）防治病害

1. 猝倒病和立枯病　苗期主要病害，猝倒病可选用 58％甲霜·锰锌可湿性粉剂 500 倍液或 64％恶霜·锰锌可湿性粉剂 500 倍液喷雾防治。立枯病可选用 20％甲基奇枯磷乳油 1 200 倍液或 15％恶霉灵水剂 450 倍液或 70％敌磺钠可湿性粉剂 1 000 倍液，初见病苗时喷雾防治。

2. 细菌性软腐病、黑腐病、黑斑病　3 种病害属于细菌性病害，也是山区栽培的主要病害，要及时进行防治。花蕾开始分化为感病期，在发病初期用 75％农用链霉素可溶性粉剂 1 000 倍液或 70％氢氧化铜可湿性粉剂 800 倍液喷雾防治，发病严重时用以上药物交替使用，每隔 5～7d 喷 1 次，连续用药 2～3 次,可使病害得到有效控制。

(二) 防治虫害

害虫主要有蚜虫、小菜蛾、菜青虫、甜菜夜蛾等,可选用生物农药苏云金杆菌 500～800 倍液(虫口密度大时,可加入少量除虫菊酯类农药,但不能与杀菌剂混用)、2.5%氯氟氰菊酯乳油 2 000 倍液、21%氰戊·马拉松(增效)乳油 3 000 倍液等药物喷雾防治。

七、适时采收

当花球快成熟时,要注意遮阴降温,否则花球容易黄化、散开及花蕾开放,失去商品价值。青花菜花球直径长至 12～15cm,各小花蕾尚未松开,整个花球保持紧实完好,呈鲜绿色时为采收适期。夏季高山栽培青花菜采收期间气温较高,采收适期短,而出口产品质量要求严格,要分批分期及时采收,避免采收过晚造成黄化散球或开花,影响商品品质。要求在 9 时前或 16 时后采收,避免阳光直照。每株带叶 4～5 片割下,并及时送往收购点进行加工冷藏。采收后大田每亩再追施 20～30kg 复合肥,促进基部腋芽长出侧花球(俗称"二次花"),可连续采收 2～3 次以供应市场。

第六章　西蓝薹种植技术

西蓝薹是青花菜与芥蓝杂交选育而成的一种新型蔬菜，又称小小青花菜、青花笋、芦笋青花菜，主要以肥嫩的花薹供食用，色绿翠美，肉质脆嫩，风味香甜，富含维生素 A、维生素 B、维生素 C、维生素 E、蛋白质、花青素、矿物质等多种营养成分。此外，西蓝薹还有健胃助消化、抗癌的药用价值，是一种美味与保健完美结合的高品质、高档次的功能型绿色蔬菜。

第一节　西蓝薹栽培模式

一、夏秋季露地种植模式

夏秋季节露地栽培是西蓝薹基本的栽培类型，这一栽培类型在我国很多地方都比较适宜，可以根据当地气候和上市时间选择品种，考虑到秋季栽培前期温度较高，最好选择耐热性比较好的品种。长江中下游平原丘陵地区，适宜晚夏和秋季播种，根据不同品种和不同茬口可在 7 月下旬至 9 月下旬播种育苗；如亚非薹薹，一般露地种植，在长江流域低海拔地区 7 月 25 日—8 月 15 日均可播种。

二、秋冬季露地种植模式

选择中晚熟、耐寒性较强、产量高、品质优的西蓝薹品种。如亚非薹薹四号，长江流域选择 8 月下旬至 9 月上旬播种，10 月 1—10 日定植，一般于翌年 1 月中下旬采摘主花薹，2 月大量上市商品薹，采收期 15～20d，上市比较集中，产量也比较高。

三、春季露地种植模式

选择早熟或中早熟、较耐春化(不易早花)、产量较高、品质优、上市早的西蓝薹品种。如亚非薹薹、亚非薹薹二号等,长江流域选择 12 月下旬至翌年 1 月播种,育苗采取增温保温措施,如三膜覆盖(大棚、小拱棚和地膜)、电热丝加热。

四、保护地种植模式

选择中熟或中晚熟、产量较高、品质优的西蓝薹品种。

(一)秋冬茬保护地种植

选择耐寒性较好的西蓝薹品种,如亚非薹薹四号、亚非薹薹二号等品种,长江流域选择 9 月上中旬播种,10 月上中旬保护地定植,1—2 月上旬上市。此种模式下,西蓝薹相对较长,一般薹长 15～22cm,口感更脆嫩。

(二)早春茬保护地种植

选择冬性较好的西蓝薹品种,如亚非薹薹二号,长江流域宜在 12 月上中旬播种,翌年 1 月中下旬保护地定植,4 月上市。此种模式下,西蓝薹长15～18cm。

五、冷凉地区种植模式

西蓝薹适宜于在冷凉气候生长,南方地区一般在春、秋、冬季栽培,也可以充分利用山区海拔较高、夏季气温较低、昼夜温差较大的气候条件,在海拔 800～1 200m 的地区较大面积地进行夏季山地栽培,再配合相应的遮阳、防雨等措施,就可以获得商品性较好的西蓝薹,使产品在盛夏淡季上市,经济效益可观。越夏种植区域主要分布在西北、东北、南方高寒山区,这些区域,一般 4—5 月育苗,5—6 月移栽,7—10 月大量采收,进入 11 月,由于温度过低,采收结束。这种模式宜选用中早熟、冬性强的耐热抗病能力较好的西蓝薹品种,如亚非薹薹。

六、西蓝薹品种特性

(1)亚非薹薹。武汉亚非种业有限公司育成的早熟西蓝薹新品种。从定植到收获58d左右。株型较直立,株高58cm,开展度55cm×58cm。外叶数约19片,外叶绿色,蜡粉中等,侧生薹多。薹花球紧实,薹圆整,平均薹长13～16cm,口感好,适应性广(图C-12)。

(2)亚非薹薹二号。武汉亚非种业有限公司育成的早熟西蓝薹新品种。从定植到收获60d左右。株型较直立,株高55cm,开展度58cm×60cm。外叶数约24片,外叶灰绿色,蜡粉中等,侧生薹多。薹花球紧实,薹圆整,平均薹长10～12cm,保护地种植薹更长,可以达到14～18cm,薹花球不紫,口感好,相对甜度高(图C-13)。

(3)亚非薹薹四号。武汉亚非种业有限公司育成的中晚熟西蓝薹新品种。从定植到收获80d左右。株型较直立,株高70cm。开展度65cm×67cm。外叶数约19片,外叶蓝绿色,蜡粉中等,侧生薹多。薹花球紧实,薹圆整,平均薹长12～15cm,产量高,保护地种植薹更长,长势更强,产量更高,不易发红(图C-14)。

(4)亚非晚熟薹薹。武汉亚非种业有限公司育成的晚熟西蓝薹新品种。从定植到收获100d左右。株型半直立,株高60cm,开展度65cm×67cm。外叶数约20片,外叶蓝绿色,蜡粉中等,叶形椭圆,现蕾期60d,主花采收期90d,首薹成熟采收期130～150d,薹圆整度较圆整,侧生薹多,花球颜色绿,花青苷显色弱,薹花球紧实,薹长度平均为15cm,薹粗度平均为1.4cm(图C-15)。

第二节　西蓝薹栽培技术

一、夏秋季育苗方法

(一)育苗准备

1.基质　选用草炭外观黑色或深灰色,杂质少粗细均匀,珍珠岩呈白色松散颗粒状,无杂质的商品基质。每立方米基质需加入多菌灵400g(多菌灵先用水溶解),均匀泼在干基质上,混合均匀。然后边洒水边用铁锹拌基质,直至手握不散即可,然后用聚乙烯薄膜覆盖拌好的基质,杀菌消毒24h后备用。

2. **穴盘、苗床**　选用72孔或105孔的较厚实的穴盘,装盘要做到松而满,既要每个穴装满,又要每个穴保持疏松。大棚内,苗床开沟起厢,厢面高20~25cm,厢宽1.5~1.8m,上表面整平压实后,铺上2m宽的黑色地布。

3. **摆盘**　播种后的穴盘,按照横向方向摆放在苗床中间,穴盘摆放整齐,不留缝隙。

(二) 播种

每穴播种1粒种子,覆盖之前备好的基质,厚度为1~2cm。厚度要适宜,太厚种子难以出土,易形成高脚弱苗、烂种;太薄种子胚根外露,易倒伏、失水死亡。

(三) 苗床管理

一般播种后3~5d可陆续出芽,待30%左右种子胚芽露出土面时,应揭掉黑色遮阳网,同时注意浇水保持土壤湿润。一般播种后15d左右,幼苗长到2~3片真叶时,应浇1次稀薄的粪水,定植前7d再浇1次。肥水管理应根据苗子的生长情况来调控,如果苗弱、生长慢,需加强淋水、施肥;如果苗生长过快、徒长,则需减少淋水、施肥。此外,要加强通风透光管理。

(四) 病虫防治

西蓝薹主要病害有猝倒病、立枯病、霜霉病,主要害虫有黄曲条跳甲、小菜蛾、甜菜夜蛾。以贯彻"预防为主,综合防治"的植保方针,物理防治为主、化学防治为辅手段。初期,即子叶展开时用药,主要防治黄曲条跳甲和猝倒病,推荐使用噁霉灵和跳记。中后期,主要防治小菜蛾和甜菜夜蛾,推荐使用菌清/杀毒矾和艾绿士(乙基多杀菌素)/甲维盐。

二、冬春季育苗方法

(一) 育苗管理

冬春季一般气温比较低,出苗比较慢,一般育苗需要地热线加热和双层膜保温育苗。相对夏秋季育苗,基质配比一致,苗床建议做成低厢,厢面高 20cm,厢宽 1.5m。

1. 温度管理　大棚种植西蓝薹,最佳生长温度为 20℃。当棚内温度为 10～15℃,揭开小拱棚降低湿度;当棚内温度达到 25℃以上,打开棚门通风。

2. 水分管理　大棚种植西蓝薹,生长期间保持土壤湿润,在温度高的晴天,一般在早晨或傍晚浇水为宜。此外,苗床浇水要用温水,水温过低会影响苗子生长。

(二) 整地施肥

西蓝薹根系比较发达,扎根入土比较深,需肥量较大,要选择土层深厚、上等或中等肥力地块种植,每亩施商品腐熟有机肥(N＋P$_2$O$_5$＋K$_2$O≥5%,有机质≥45%)500kg,十字花科作物专用肥(N＋P$_2$O$_5$＋K$_2$O≥50%;N:P:K＝20:10:15)50kg,1kg 颗粒硼肥(硼砂)和 0.5kg 颗粒锌肥,施肥后翻耕整地,按 110～120cm 开沟起垄,垄面宽 70～80cm,整平压实。

(三) 规范定植

根据西蓝薹品种特性,确定适宜的种植密度。一般早熟品种,植株株型较紧凑的每亩 3 200～3 300 株,每垄定植 2 行,平均行距 55～60cm,垄上小行距 40～50cm,株距 35cm;中熟或晚熟品种,植株枝叶开展度较大,每亩 2 800～3 000 株,株距 35～40cm。定植时,将大小苗分级移栽,定植深度根据苗子大小而定,一般 4～5cm,定植后覆土到苗根颈部。此外,定植当天浇足定根水,提高幼苗成活率。

(四) 田间管理

1. 追肥浇水　西蓝薹需肥量比较多,根据试验研究,每亩生产

1 500kg 菜薹,需要追施 2～3 次肥料,第一次在幼苗期(图 D-5),即定植后 10～15d,追施壮苗肥,促进连座叶生长,每亩施尿素 10kg,最好追施沼液肥或水溶性肥;第二次在莲座期(图 D-6),即定植后 30～35d,追施攻蕾肥,每亩施三元复合肥 20kg,促进顶部花蕾薹壮长;第三次在主薹采收期(图 D-7),即定植后 55～60d,顶部薹采摘后,每亩追施尿素 8kg,加硫酸钾 10kg,促进分枝薹生长;第四次在侧薹采收期(图 D-8),侧薹采收后,每亩追施尿素 8kg,加硫酸钾 8kg。

2. 病虫防治　采用栽培防治、农药防治、物理防治等综合方法。小菜蛾(俗称刁吊丝虫),可用 5% 锐劲特(氟虫腈)悬浮剂 3 000 倍液,在卵孵化高峰期至 2 龄幼虫期喷洒防治;黑腐病和软腐病发病初期,可用农用链霉素 200mg/L 或氯霉素 200mg/L 或 75% 百菌清可湿性粉剂 600 倍液或 77% 可杀得(氢氧化铜)可湿性粉剂 500～800 倍液等交替喷洒防治。

3. 摘除顶心　主茎花蕾生长到 5cm 左右,切除主花球顶心,促进顶部优势薹生长。

第三节　西蓝薹采收与加工

一、采收

西蓝薹植株上半部薹可以整体采收,下半部分枝薹采收时保留 2 片叶。薹生长到 12～20cm,进行第一次采收,根据市场需要,采收长度一般为 10～18cm。此外,茎和花蕾都可以食用。

二、加工

西蓝薹的薹花脆嫩,采收后对温度和湿度都有一定要求,一般采摘后当天就要分拣、装筐、打冰、进入冷库,使用保鲜膜配合冷藏或者包装容器内加冰储藏与运输。西蓝薹在 4～5℃、90%～95% 相对湿度条件下可以保鲜 10～20d,相对比其他类型的菜薹更易长途运输。

第七章　皱叶菜种植技术

皱叶菜是十字花科芸薹属甘蓝种的一个变异的亚种。因其叶片比较皱,故而称其为皱叶菜。皱叶菜含有丰富的营养成分,富含叶酸,可提高女性生育质量,防止胎儿畸形,是孕妇的首选。皱叶菜能为人体提供多种维生素、碳水化合物、矿物质和纤维素等营养物质,还能维持人体内酸碱平衡,使人体更好地吸收蛋白质,促进消化和预防便秘。另外,皱叶菜的维生素含量比猕猴桃高出 2.5 倍,能增强免疫力,提高人体对铁、钙、叶酸等的利用,有助于改善营养性贫血。

第一节　皱叶菜栽培模式

皱叶菜种植稳定性好,全国基本都可以种植。以长江流域为例,露地 7 月下旬开始育苗,8 月下旬定植,10 月中旬即可食用。前期吃嫩叶,后期吃嫩薹。因其耐低温能力比较强,长江流域可露地越冬种植,也可保护地种植,抗病性强,栽培简单,是一种高档蔬菜特色新品种。

一、夏秋季种植

长江流域露地种植,一般 7 月 25 日—8 月 15 日播种,8 月下旬—9 月中旬定植,10 月 10 日—12 月可以采收皱叶叶片,翌年 2 月下旬—3 月上旬可采收皱叶菜薹;保护地栽培宜在 8 月 15 日—9 月 5 日播种,8 月下旬—10 月上旬定植,一般 10 月下旬—翌年 1 月持续采收皱叶叶片,翌年 2 月中旬—3 月初可采皱叶菜薹。对于长江流域以北地区,可以适当提前种植,延长采收期。

二、冬春季种植

1. 地膜覆盖种植　长江流域的上海、江苏、安徽、湖北,浙江、江西、湖南、福建、贵州、四川、云南中海拔地区；黄淮流域以及关中地区，早春气温比较低，一般是地膜覆盖的方式定植。以长江流域为例，12月播种，翌年1月中下旬保护地定植，3月下旬可开始采收叶片，采收期可以持续到5月下旬。

2. 露地种植 12月底至翌年1月初育苗，地膜覆盖2月下旬定植，4月中旬以后开始采叶。春季虫害比较多，要注意提前预防。

三、越夏种植

皱叶菜适宜于在冷凉气候生长，南方地区一般只能在春、秋、冬季栽培，也可以充分利用山区海拔较高、夏季气温较低、昼夜温差较大的气候条件，在海拔1 000m以上的地区栽培，再配合相应的遮阳、防雨等措施，可获得商品性较好的皱叶菜，使产品在盛夏淡季上市，经济效益可观。

越夏种植区域主要分布在西北、东北、南方高寒山区，一般4—5月育苗，5—6月移栽，7—10月采收叶片，进入11月，由于温度过低，采收结束。宜选用耐热性较好，抗病能力较强的品种。

第二节 皱叶菜栽培技术

一、品种选择

选用优良品种培育壮苗，是皱叶菜丰产的关键。长江流域，适于四季栽培的品种，如亚非万联青。

亚非万联青是武汉亚非种业有限公司育成的甘蓝类皱叶菜新品种。株型半直立，株高约50cm，叶片开展度60cm×55cm。叶薹两用型皱叶菜品种，叶色深绿，蜡粉较少，叶片宽大皱纹多，口感好，定植45d后即可采上部嫩叶，采收期一般为2~3个月（图C-16）。

二、苗床准备

1. 夏季育苗 采用露地栽培育苗，不需要防护设施。

2. 秋季育苗　选择地势高，排水好的地块，或作高垄（厢），并要遮阴育苗。

3. 早春育苗　采用大棚保温育苗，培育壮苗，每亩大田需苗床 8～10m²。

三、播种量

种子发芽率在 90％以上的，每亩大田用种量 50g，发芽率低的，可适量增加播种量。

四、整地施肥

皱叶菜根系比较发达，吸收水肥能力强，基肥要施足，每亩施入充分腐熟、细碎的优质有机肥 3 000kg，掺入过磷酸钙 30～40kg，如果掺入草木灰 100～150kg 则更好。禁止施用未腐熟的有机肥，可以购买生物有机肥，每亩用量 500～600kg。基肥总量的 3/4 在耕地前施入，1/4 在开沟定厢时施入厢面表层土壤，使其在幼苗期能够及时得到养分供应。

五、田间管理

（一）水分管理

幼苗定植后，要适量浇缓苗水，春季一般在定植后 5～7d 进行。如用地膜覆盖的可延后 3～4d，待地表稍干时进行深中耕约 8cm。夏季要看天灌溉，高温天不要在中午灌水，要在早晨或傍晚进行，雨天注意排水。秋季苗期正处于高温期，定植后及时浇水，无雨天隔 1～2d 即浇第二次水，在生长阶段，经常要保持土壤湿润，不能大水漫灌。

（二）营养管理

皱叶菜需肥量比较多。春夏季栽培，一般需要追肥 2 次。第一次是在幼苗期（图 D-9）进行，每亩追施 20kg 硫铵水溶性肥，用于培育壮苗；第二次是在莲座期（图 D-10），每亩追施三元复合肥 20kg，用于促进顶端新叶生产。秋季栽培，一般结合中耕追肥，每亩用硫铵 20～25kg 或优质混合肥

1 000kg,施于苗的侧根部约 10cm 处。

(三)病虫害管理

皱叶菜生长期间,主要病害以猝倒病和霜霉病为主。若发生猝倒病株,应及时拔除,并在发病株处及其周围喷洒 75％百菌清可湿性粉剂 800～1 000 倍液,撒入干燥的草木灰,防止病害蔓延。霜霉病发病叶片逐渐退绿变黄,背面长出白色霉层,病斑受叶面限制呈多角形。发生初期,用 3％氨基寡糖素水剂 1 000 倍液,加禾命源(抗病防虫型)450 倍液喷洒防治,每 7～10d 喷施 1 次,连续防治 2～3 次。常见虫害有蚜虫、菜青虫、甘蓝夜蛾,主要危害方式是采食叶肉,将菜叶吃成空洞和缺刻,严重时吃成网状,优选生物农药苏云金杆菌,也可使用灭幼脲喷雾进行防治。

第三节　皱叶菜采收与保鲜

一、采收

(一)叶采摘标准

皱叶菜整株功能叶生长到莲座期,即整株 10～12 片时,基部保留 7～8 片营养生长叶,其上部嫩叶片,长度 10～15cm,可 2～3d 采 1 次。此外,在采收过程中,如发现最早留的老叶有严重老化现象,可从其上部新发出来的叶片留 5～6 片作为营养叶,然后再进行采摘。

(二)薹采收标准

长江流域秋季种植,一般翌年 2 月开始现薹,以亚非万联青为例。2 月中上旬进入主薹采收期(图 D-11),2 月中下旬—3 月上旬即为侧薹采收期(图 D-12),薹采收长度一般 10～15cm,薹上叶片保留,也可食用,可采收 2～3 次。

二、加工

采收后的皱叶菜,对湿度、温度都有一定的要求,一般采摘后当天就要分拣、装筐、打冰、进入冷库,使用保鲜膜配合冷藏或者包装容器内加冰储藏与运输。皱叶菜在 2～8℃,90％～95％相对湿度条件下,可以保鲜 15～30d,相对比菜薹更易长途运输。

第八章 特色蔬菜病虫害防控技术

特色蔬菜青花菜、西蓝薹和皱叶菜的病虫害发生特点,与其他夏秋季采收的蔬菜有一定的区别,病虫害主要发生于生长前期,特别是苗期。此外,产品采收相对比较安全,采收季节气温较低,不利于病虫害发生危害。

第一节 主要病害与防治方法

一、猝倒病

(一) 危害症状

主要发生在幼苗出土后真叶尚未开展前这段时期(图 E-1)。受害幼苗茎部出现水渍状病斑,然后绕茎扩展变软,表皮易脱落,病部缢缩变细如线样,迅速扩展绕茎一周,病部不变色或呈黄褐色,使地上部分失去支撑能力,幼苗倒伏地面,苗床湿度大时,病残体及周围床土上可生一层絮状白霉。出苗前染病,引起子叶、幼根及幼茎变褐腐烂,即为烂种或烂芽。病害开始仅个别幼苗发病,条件适宜时以这些病株为中心,迅速向四周扩展蔓延,形成一块一块的病区。

(二) 防治方法

一是选好育苗地。一般选择地势高、土壤通透性好、排水良好、背风向阳的地方育苗。播种前床土要充分翻晒,肥料要腐熟,土壤进行消毒,如用95%嚙霉灵可湿性粉剂 3 000 倍液浇洒苗床。二是种子消毒。用 50～60℃温水浸种 10～15min,或用 50%福美双可湿性粉剂或 65%代森锰锌可湿性粉剂拌种,用药量为种子质量的 0.3%。三是加强苗期管理。调节好湿度、温度,根据苗情适时适量通风,避免低温高湿条件出现,不要在阴雨天浇水,要设法消除棚膜滴水现象。四是发病初期进行药剂防治。发现少量病苗,及时拔除,撒施少量干细土或草木灰,用 72.2% 霜霉威水剂或 15% 恶霉灵水剂 600 倍液交替防治。

二、立枯病

(一)危害症状

多发生在育苗的中后期(图 E-2)。主要危害幼苗茎基部或地下根部,初为椭圆形或不规则暗褐色病斑,病苗早期白天萎蔫、夜间恢复,病部逐渐凹陷缢缩,有的渐变为黑褐色,当病斑扩大绕茎一周时,最后干枯死亡,但不倒伏。轻病株仅见褐色凹陷病斑而不枯死。苗床湿度大时,病部可见不甚明显的淡褐色蛛丝状霉。立枯病不产生絮状白霉、不倒伏且病程进展慢,可区别于猝倒病。

(二)防治方法

药剂防治可于发病初期开始施药,施药间隔 7~10d,视病情连防 2~3 次。药剂选用 75% 百菌清可湿性粉剂 600 倍液或 5% 井冈霉素水剂 1 500 倍液或 20% 甲基立枯磷乳油 1 200 倍液等喷雾防治。若猝倒病与立枯病混合发生时,可用 72.2% 霜霉威水剂 800 倍液,加 50% 福美双可湿性粉剂 800 倍液喷淋,每平方米苗床用配制好的药液 2~3kg。

三、霜霉病

霜霉病是青花菜的主要病害,分布广泛,保护地种植发生普遍,发病率差异较大,轻者在 10% 以下,重者达 100%,对产量有一定的影响,此病还危害多种其他十字花科蔬菜。

(一)危害症状

此病从苗期至成株期均可发生(图 E-3)。多从植株的下部叶片开始发病,先在叶片正面产生较小的褪绿斑,以后病斑中央呈灰褐色坏死,逐渐扩大后形成不规则坏死病斑,大小差异很大。空气潮湿时,病斑背面产生稀疏霜状白霉。空气干燥时,形成许多不规则形枯斑,病害发展到后期,多个病斑相互连接成片,致叶片变黄死亡,严重时,全株枯死。

(二)防治方法

一是选用抗病良种。目前从国外引进的青花菜优秀、里绿、圣绿等品种比较抗病。二是加强栽培管理。避免与十字花科蔬菜连作。苗期控制好温、湿度,及时间苗,培育壮苗,提高抗病能力。适当稀植,采用高垄栽培,及时摘除基部病叶,保持通风透光,降低田间湿度。三是发病初期进行药剂防治。可选用72%霜脲·锰锌可湿性粉剂600～800倍液或72.2%霜霉威水剂600～800倍液或50%烯酰吗啉可湿性粉剂2 000～2 500倍液或40%三乙膦酸铝可湿性粉剂250倍液喷雾防治。保护地种植选用5%春雷·王铜粉尘剂或5%百菌清粉尘剂或5%霜霉清粉尘剂等,每亩喷1kg上述粉剂防治效果更佳。

四、黑腐病

黑腐病是青花菜的主要病害,分布广泛,发生普遍,以露地种植受害较重。一般发病率20%～50%,重病地块达100%,对产量和品质影响极大。此病还侵害多种其他十字花科蔬菜。

(一)危害症状

此病在各生育期均可发生(图E-4)。幼苗出土前发病,多引起烂种而缺苗,子叶出土后发病,子叶呈水浸状坏死,迅速蔓延至真叶,造成幼苗枯死。成株发病时,多从叶缘水孔或叶片上的伤口侵入,形成"V"形或不定形淡黄褐色坏死斑,病斑交界不明显,病斑边缘常具有黄色晕圈,迅速向外发展致周围叶肉组织变黄枯死。有时病菌沿叶脉向里发展,形成网状黄脉。病菌进入叶柄或茎部维管束,呈灰褐色坏死或腐烂,逐渐蔓延到花球或叶脉,引起植株萎蔫坏死,严重时花球或主茎呈黄褐色坏死干腐。

(二)防治方法

一是与非十字花科蔬菜进行2～3年轮作。二是选用无病种子或进行种子处理。干种子用60℃干热灭菌6h或用55℃温水浸种15～20min后移入冷水中降温，晾干后播种。也可选用47％春雷·王铜可湿性粉剂拌种播种，用量为种子重量的0.3％。三是生长期加强管理。适时浇水、施肥和防治害虫，减少各种伤口。重病株及时拔除带出田外妥善处理，收获后及时清洁田园。四是发病初期进行药剂防治。可选用47％春雷·王铜可湿性粉剂800倍液或77％氢氧化铜可湿性粉剂500倍液或25％噻枯唑可湿性粉剂800倍液喷雾，隔10～15d防治1次，视病情防治1～3次。

五、病毒病

（一）危害症状

此病在苗期发生较重（图E-5）。初期在叶片上产生近圆形小型褪绿斑，以后整个叶片颜色变淡，或出现浓淡相间的绿色斑驳，随病情发展叶片皱缩、扭曲畸形，最后全株坏死。成株期染病除嫩叶出现浓淡不均匀斑驳外，老叶背面有时还产生黑褐色坏死斑，或伴有叶脉坏死，最后病株矮化畸形，叶柄歪扭，内外叶比例严重失调，轻则花球变小，重则根本不结球。

（二）防治方法

一是因地制宜选用较抗病品种。如青花菜里绿、绿岭、加斯达或其他较耐热品种。播种前种子经58℃干热处理48h。二是合理间作、套作、轮作。夏秋种植，远离其他十字花科蔬菜，发现重病株及时拔除，带出田外，深埋或烧毁。培育壮苗，加强肥水管理，增强植株抗病能力。三是采用遮阳网或无纺布覆盖栽培技术。增施有机基肥，高温干旱季节注意勤浇小水，控制病害发生与传播。防治好蚜虫，尤其是苗期防蚜虫至关重要。四是发病初期，可用1.5％植病灵乳油1 000倍液或20％吗胍·乙酸铜可湿性粉剂500倍液或20％菌毒清水剂500倍液喷雾，有一定防治效果。

六、软腐病

（一）危害症状

一般始于结球期（图E-6）。初在外叶或叶球基部出现水浸状斑，植株外层包叶中午萎蔫,早晚恢复,数天后外层叶片不再恢复,病部开始腐烂,叶球外露或植株基部逐渐腐烂成泥状或塌倒溃烂,叶柄或根茎基部的组织呈灰褐色软腐,严重时全株腐烂,病部散发出恶臭味,区别于黑腐病。

(二) 防治方法

一是选用抗病品种。二是避免与十字花科蔬菜连作。选择地势高、干燥通风、排水良好的地块,及早耕翻晒垡,定植田多施腐熟有机肥,改善土壤条件,做成高厢。三是加强田间管理。整治排灌系统,浇水均匀,促进植株健壮成长。彻底治虫,田间操作时尽量避免造成伤口,发现病株,及早拔除,并用石灰消毒。四是发病初期。可用 14% 络氨铜水剂 350 倍液或 75% 百菌清可湿性粉剂 600 倍液或 90% 新植霉素可湿性粉剂 4 000 倍液等,交替喷施防治,一般 7d 左右喷 1 次,连喷 2~3 次。

七、根肿病

(一) 危害症状

主要危害根部,使主根或侧根形成数目和大小不等的肿瘤(图 E-7)。初期表面光滑,渐变粗糙并龟裂,因有其他杂菌混生而使肿瘤腐烂变臭。因根部受害,植株地上部也有明显病症,主要特征是病株明显矮小,叶片由下而上逐渐发黄萎蔫,开始晚间还可恢复,逐渐发展成永久性萎蔫而使植株枯死。

(二) 防治方法

一是与非十字花科蔬菜实行 3 年以上轮作。与水稻轮作时要注意提高垄面。二是适当增施石灰,降低土壤酸度。一般每亩施石灰 75~100kg。三是要彻底清除病残体。翻晒土壤,增施腐熟的有机肥,搞好田间排灌设施,特别是低洼地,雨水多时,要及时排水。生长季节要勤巡视菜田,发现病株立即拔除销毁,撒少量石灰消毒以防病菌向邻近植株扩散。四是土壤消毒。每亩用 40% 五氯硝基苯粉剂 2.5kg 拌细土 100kg,结合整地条施或穴施。五是发病初期可选用 40% 五氯硝基苯粉剂 500 倍液或 50% 多菌灵可湿性粉剂 500 倍液或 70% 甲基硫菌灵可湿性粉剂 800 倍液药剂喷根或淋浇。

八、菌核病

(一)危害症状

该病在叶、茎和花枝上均有发生,主要危害主茎和花球(图 E-8)。从茎基部或下部老黄叶开始发病,幼苗基部褪色,出现水浸状苍白色病斑,病部组织崩溃,引起猝倒。近地面的叶片先出现水浸状褪色病斑,湿润时病斑上产生白色绵毛状菌丝体,组织腐烂、干枯、破碎,病害植株髓部变成空腔,形成大量豆粒状的黑色菌核。

(二)防治方法

一是轮作。深耕将菌核埋入土表 10cm 以下,高垄种植,避免偏施氮肥,雨后及时排水。二是精选种子。播种前用 10%～14%盐水选种,清除菌核,然后用清水冲洗几次再播种。三是加强管理。将前茬作物的病残体彻底清除干净,深翻土壤,采用高垄种植,中耕松土。四是药剂防治。发病初期用 25%多菌灵可湿性粉剂 250 倍液或 70%甲基硫菌灵可湿性粉剂 1 500～2 000 倍液或 50%异菌脲胶悬剂 1 500 倍液或 40%菌核净可湿性粉剂 1 500 倍液喷洒,隔 10d 左右喷 1 次,共 2～3 次。

九、黑斑病

(一)危害症状

青花菜黑斑病又称褐斑病,主要危害叶片、花球和种荚(图 E-9)。下部老叶初在叶片正面或背面产生圆形或近圆形病斑,褐色至黑褐色,直径 1～10mm,略带同心轮纹,轮纹不明显,有的四周现黄色黑圈,湿度大时长出灰黑色霉层,即病菌分生孢子梗和分生孢子。叶片上病斑多时,病斑融合成大斑,叶片变黄早枯、脱落,严重时新长出的叶片也生病斑。茎、叶柄染病时病斑呈纵条形,常花球、种荚染病,发病部位可见黑褐色长梭形条状斑。

（二）防治方法

一是与非十字花科蔬菜进行轮作，采用垄作栽培，雨后及时排水，严防渍水滞留。增施基肥，注意氮、磷、钾配合，避免缺肥，增强植株抗病力。二是加强田间管理，及时摘除病叶，减少菌源。收获后及时清除病残体并深翻，采用配方施肥技术，在花球长到拳头大小时，适当控制浇水，增施磷、钾肥。如追施过磷酸钙、草木灰、骨粉等，可增强抗病性。三是保护地、塑料棚栽植青花菜时，重点注意生态防治。早春定植时昼夜温差大，温度白天 20～25℃、夜间 12～15℃，空气相对湿度高达 80％以上，易结露，有利于此病的发生和蔓延，应重点调整好棚内温、湿度，尤其是定植初期，闷棚时间不宜过长，防止棚内湿度过大、温度过高，做到水、温、风有机配合，减缓该病发生蔓延。四是发病初期可用 43％戊唑醇胶悬剂 5 000 倍液或 75％百菌清可湿性粉剂 600 倍液体或 50％异菌脲可湿性粉剂 1 500 倍液喷施。

十、细菌性黑斑病

（一）危害症状

青花菜叶、茎、花梗、种荚均可染病（图 E-10）。叶片染病初期生大量小的具淡褐色至发紫边缘的小斑，直径很小，大的可达 0.4cm，当坏死斑融合后，形成大的、不整齐的坏死斑，直径可达 1.5～2cm 以上，病斑最初大量出现在叶背面，每个斑点发生在气孔处。病菌还可危害叶脉，致叶片生长变缓、叶面皱缩，进一步扩展。湿度大时形成油渍状斑点，褐色或深褐色，扩大后成为黑褐色，不规则形或多角形，似薄纸状，开始外叶发生多，后波及内叶。茎和花梗染病，初为油渍状小斑点，后为紫黑色条斑，荚上病斑圆形或不规则形，略凹陷。

（二）防治方法

一是使用无病种子。一般种子要做消毒处理，可用 45％代森铵水剂 300 倍液浸种 20min 左右，冲洗后晾干播种，或用 50％琥胶肥酸铜按照种子重量的 0.4％拌种。二是高垄栽培，最好覆盖地膜栽培。三是施足粪肥，氮、磷、钾肥合理配合，避免偏施氮肥。均匀浇水，小水浅灌。四是重病地与非十字花科蔬菜实行 2 年轮作。发现初始病株及时拔除，收获后彻底清除田间病残体，集中深埋或烧毁。五是药剂防治。可用 72% 农用硫酸链霉素可溶性粉剂 4 000 倍液或 14% 络氨铜水剂 300 倍液或 60% 百菌通可湿性粉剂 500 倍液或 47% 春雷·王铜可湿性粉剂 900 倍液，喷雾防治。

十一、黑胫病

（一）危害症状

黑胫病又称根朽病、黑根病等，苗期、成株期均可受害（图 E-11）。苗期染病子叶、真叶或幼茎，均可出现灰白色不规则形病斑，茎基部染病向根部蔓延，形成黑紫色条状斑，茎基溃疡严重的，病株易折断而干枯。成株染病时，叶片上产生不规则至多角形灰白色大病斑，上生许多黑色小粒点，即病菌的分生孢子器。花梗、种荚染病与茎上类似，种株贮藏期染病叶球干腐，剖开病茎，病根部维管束变黑。

（二）防治方法

一是选用抗病、包衣的种子。如未包衣，用拌种剂或浸种剂灭菌。二是水旱轮作。育苗的营养土要选用无菌土，用前晒 3 周以上。选用地势高燥的田块，并深沟高垄栽培，雨停不积水。使用的有机肥要充分腐熟，并不得混有上茬本作物残体。三是播种后用药土做覆盖土，移栽前喷施 1 次除虫灭菌剂，合理密植，发病时及时清除病叶、病株，并带出田外烧毁，穴施药或生石灰。四是发病初期可用代森锌、福美双、敌磺钠、多菌灵等农药的 500 倍液，重点喷施茎部和下部叶片。

十二、叶霉病

（一）危害症状

主要危害叶片（图 E-12）。发病时，先从植株下部叶片开始，逐渐向上蔓延。受病害叶片初时在叶背面产生界限不清的淡绿色病斑，潮湿时病斑上长出紫灰色密实的霉层,叶正面出现淡黄色病斑,病斑后期生橄榄褐色霉层,后期病斑融合,病斑扩展后,叶片卷曲干枯、脱落。

(二) 防治方法

一是秋季、早春彻底清除病残体,集中深埋或烧毁,以减少菌源。二是合理密植,雨后及时排水,注意降低田间湿度,使其远离发病条件。三是发病初期喷洒 36% 甲基硫菌灵悬浮剂 500 倍液或 50% 多菌灵可湿性粉剂 800 倍液或 70% 代森锰锌可湿性粉剂 800 倍液或 40% 大富丹可湿性粉剂 500 倍液或 50% 多霉灵可湿性粉剂 1 000~1 500 倍液。隔 10~15d 喷 1 次,连续防治 2~3 次,采收前 20d 停止用药。

十三、细菌性角斑病

(一) 危害症状

细菌性角斑病是青花菜的重要病害,分布较广,发生较普遍,以夏秋种植受害较重(图 E-13)。一般病株率 20%~30%,对产量无明显影响,严重时病株可达 80% 以上,显著影响产量和品质。此病还可危害多种其他十字花科蔬菜,也常和细菌性斑点病混合发生,加重其危害。初在中下部叶片上的叶柄两侧出现油浸状坏死小斑,灰褐色,稍凹陷,逐步发展成膜状多角形至不规则形病斑,灰褐色至暗褐色,油浸状,具有光泽。空气潮湿时叶背病斑表面溢出污白色菌脓,后期呈膜状腐烂。干燥时病斑呈灰白色,易破裂穿孔。多个病斑连片,常使叶片皱缩畸形,最后死亡干枯。严重时病害也侵染叶柄,形成长椭圆形或条形病斑,显著凹陷,黑褐色,略具光泽。

(二) 防治方法

一是选用或引用较抗病品种。二是实行与非十字花科、茄科、伞形花科蔬菜轮作。三是播种前进行种子处理,发病初期进行药剂防治,方法与药剂种类参见黑腐病的防治。

第二节　主要虫害与防治方法

一、蚜虫

(一) 危害特点

以成虫及若虫在叶背上吸食植株汁液,造成叶片边缘向后卷曲,叶片皱缩变形,植株生长不良,甚至最后全株死亡(图 E-14)。危害留种株的嫩茎、花梗和嫩荚,使花梗扭曲畸形,不能正常抽薹、开花、结实。此外,蚜虫传播多种病毒病,造成的损失远远大于蚜虫危害本身。

(二) 防治方法

一是苗床用银灰色遮阳网覆盖或在苗床四周悬挂银灰色薄膜避蚜。二是定植田用银灰色地膜。发生初期,在田里放置黄板(12cm×12cm),黄板上涂上机油,每亩放置 7～8 块,黄板高出植株 20～30cm。三是药剂防治。用 70%灭蚜松 2 500 倍液或 10%吡虫啉可湿性粉剂 3 000 倍液或20%氰戊菊酯乳油 2 000 倍液等喷雾。

二、菜粉蝶

(一) 危害特点

成虫又名菜白蝶、白粉蝶(图 E-15),幼虫称为菜青虫,为咀嚼式口器害虫,以幼虫咬食叶片危害。二龄幼虫在叶背啃食叶肉,残留一层透明的表皮;三龄以后食叶成孔洞和缺刻,严重时只残留叶柄和叶脉,同时排出大量虫粪污染,降低商品价值。

(二) 防治方法

一是清洁田园,消灭菜地残株叶片上的虫源。二是苗床加盖防虫网,防止成虫在幼苗上产卵。三是生物防治,在低龄幼虫期,可用苏云金杆菌可湿性粉剂500～800倍液或用青虫菌粉1kg,兑水1 200～1 500L进行防治。四是药剂防治,可用5％氟虫腈悬浮剂1 500倍液或20％氰戊菊酯乳油2 000倍液或氟啶脲乳油4 000倍液或5％氟虫脲乳油1 500倍液等防治。

三、小菜蛾

(一)危害特点

小菜蛾又叫菜蛾(图E-16),以幼虫进行危害。初龄幼虫啃食叶肉,在菜叶上造成许多透明斑块;三龄以后能把菜叶食成孔洞,严重时把叶肉吃光,叶面呈网状或仅留叶脉。幼虫有集中危害菜心的习性。

(二)防治方法

一是清洁田园是防治小菜蛾等害虫十分有效的方法。二是可用杀虫灯在成虫发生期诱杀,每10亩地设置1盏灯。三是利用性诱捕器诱杀雄成虫,减少雌成虫的生殖机会,每亩放1～2个点。四是生物药剂防治,可用杀螟杆菌800～1 000倍液或苏云金杆菌500～800倍液进行防治。

四、斜纹夜蛾

(一)危害特点

斜纹夜蛾是杂食性害虫(图E-17),以幼虫危害叶片、花及果实。初孵幼虫群聚咬食叶肉;二龄后渐渐分散,仅食叶肉;四龄后进入暴食期,食叶成孔洞、缺刻,大发生时可将全田植株吃光。

(二)防治方法

一是及时做好田园卫生。播种前翻耕晒土灭茬,在耕翻前用灭活性除草剂杀死所有杂草,使斜纹夜蛾失去食物来源,可消灭绝大多数虫源,结合农事操作人工摘除卵块或捏杀群集危害的幼虫。二是利用趋光性。可用频振式或太阳能杀虫灯诱杀成虫或用胡萝卜、甘薯等发酵液加少许糖、敌百虫制成糖浆放在田中进行诱杀。三是药剂防治。斜纹夜蛾在三龄以前抗药性最弱,应及早进行防治,可选用15％茚虫威胶悬剂3 500倍液或5％

氟啶脲乳油 1 000 倍液,均匀喷雾,兼治甜菜夜蛾、菜螟。

五、甜菜夜蛾

(一) 危害特点

甜菜夜蛾是杂食性害虫(图 E-18),初孵化幼虫群集叶背,吐丝结网,在其内取食叶肉,留下表皮,成透明的小孔。幼虫三龄后可将叶片吃成孔洞或缺刻,严重时仅留叶脉和叶柄。

(二) 防治方法

一是及时做好田园卫生。播前翻耕晒土灭茬,在耕翻前用灭活性除草剂杀死所有杂草使甜菜夜蛾失去食物来源,可消灭绝大多数虫源。结合农事操作摘除卵块或捏杀群集危害的幼虫。二是用频振式或太阳能杀虫灯诱杀成虫。三是药剂防治。在卵孵高峰至幼虫蚁龄高峰期,可选用 5%氟啶脲乳油 1 000 倍液或 5%氟虫脲乳剂 1 500 倍液,均匀喷雾。

六、黄曲条跳甲

(一) 危害特点

黄曲条跳甲又叫黄条跳甲(图 E-19),俗称狗蚤虫、跳蚤虫、地蹦子等。成虫食叶危害,以幼苗期危害最重,刚出土的小苗会被吃光,造成缺苗。幼虫在土内危害根部,咬食根皮,咬出许多弯曲虫道,或咬断须根,使叶片萎蔫枯死。此外,成虫和幼虫还可造成伤口,传播软腐病。

(二) 防治方法

一是清园灭虫。清除菜园残株落叶,铲除杂草,消灭其越冬场所和食料植物,以减少虫源。二是播种前深耕晒土。造成不利于幼虫生活的环境条件,还可消灭部分虫蛹。三是土壤处理。播种前用 18.1%氯氰菊酯乳油 3 000 倍液喷苗床,每亩用药量 100kg,以杀死土中的幼虫。四是药剂防治。幼苗出土后立即进行调查,发现有虫可用 5%氟虫腈胶悬剂 2 500 倍液喷施。

七、菜螟

（一）危害特点

菜螟别名钻心虫、食心虫（图 E-20）。幼虫为钻蛀性害虫，危害幼苗心叶及叶片，受害苗因生长点被咬而停止生长，导致萎蔫死亡，或从叶腋发出分枝。春秋两季均有发生，以秋季发生危害较重。

（二）防治方法

一是播种前深耕晒土，可以消灭一部分在表土和枯叶残株上的越冬幼虫。二是合理安排播种期，使苗期避开菜螟盛发期，尽可能避免连作。三是药剂防治，在成虫盛期和幼虫孵出期喷施防治。可用 5％氟虫腈胶悬剂 1 500 倍液或 25％杀螟丹可湿性粉剂 800 倍液喷施。

第九章　特色蔬菜保鲜加工与食用方法

特色蔬菜青花菜、西蓝薹和皱叶菜在采收后，一般进行低温处理、冷链储藏、冷链运输和保鲜加工几个环节，这是确保产品质量重要前提。此外，科学的食用指导，能够促进饮食均衡，增强人体健康。

第一节　青花菜、西蓝薹和皱叶菜保鲜加工技术

一、青花菜保鲜加工技术

青花菜要适时采收。采收的青花菜一般要求花球直径在 $12\sim16cm$，花蕾整齐一致，不散球，不开花，无色变斑点，无虫伤，球茎无空心，花蕾小而紧凑，色泽绿。入库贮藏的青花菜，采前忌浇水、忌下雨。晴朗天气早晨露水干后或下午傍晚天黑之前采收为宜，高温天气中午忌采收。采收时用不锈钢刀具将叶片外叶，对内部花球起一定的保护作用。此外，青花菜对乙烯非常敏感，乙烯促进其黄化，加速失水，缩短保鲜时间。

(一) 青花菜的冷藏保鲜

青花菜常温下极易黄化、衰老，采后须尽快降温。如采后 1h 内不能入冷库降温，则收购后，需及时加冰，进行低温运输。国内方法一般是将碎冰加到青花菜中间，国外直接用液态冰灌注到包装箱中。不管哪种模式贮藏，青花菜入库前 $2\sim3d$ 须将库温降至 $0℃$，并事先对空库进行消毒。消毒可以使用 2-氯异氰尿酸钠烟熏消毒剂，熏蒸 12h，用量 $5g/m^3$。入库贮藏模式有如下两种。一是入冷库前，贮藏架上铺放薄膜，将采收的青花菜整齐地码放在贮藏货架上，青花菜品温预冷至 $0℃$ 左右，然后用一层纸覆盖花球，并用塑料薄膜进行覆盖，减少贮藏期间水分损失。出库时，再根据市场要求包装。二是将青花菜装入保鲜袋，放至货架上，敞保鲜袋口，降温预

冷,然后折叠袋口,进行贮藏。不管哪种方式,贮藏期间,控制温度0~0.5℃。国内运输青花菜,一般用泡沫箱加碎冰的方法。为了延长运销时间,可以在封箱前,加入1-甲基环丙烯固体缓释剂或在库内预冷后,用1-甲基环丙烯熏蒸后,再用冷藏车运输。采用上述技术,青花菜可以完好贮藏2~3个月,货架期也可明显延长。根据经验,一般贮藏1.5个月即须上市销售,贮藏时间延长,本地或外地的下一季青花菜上市,市场价格反而明显降低。

(二)青花菜速冻加工保鲜

速冻青花菜是我国江苏浙江等省出口的重要农产品,通过速冻工艺,可有效提高产品质量,增长保质期,是增加青花菜出口创汇的一种有效方式。

1. 工艺流程　原料挑选与整理→预冷→精选→切分→清洗→杀青→冷却→沥水→速冻→检验→包装→冻藏。

2. 操作要点

(1)原料挑选与整理。原料要求新鲜,花球紧密,呈碧绿色,无病虫害,无斑疤、异色等。合格原料及时加工,在24h内处理完毕。

(2)预冷。在洁净的大水泥池中,放入冰块,注入清水,水温0℃,浸入青花菜,10min后捞出,沥干水分。及时装箱(钙塑箱,7~8kg/箱),装时轻拿轻放,防止损伤花蕾。箱外打印生产日期、产品规格及包装组别,装后立即送冷库加冰屑,加冰时一定要塞满空隙并加足箱面冰屑,使用的冰须清洁无杂质。将箱送入0℃的保鲜库保鲜。出库时,箱内再次加足冰屑,保证花球茎部温度在2℃左右。严格按顺序出入库,先进库的产品,先出库。

(3)精选。选择花蕾新鲜紧实,花蕾球面规整,颗粒细小,没有开花,色泽鲜绿,无病虫害,无斑疤、异色,无机械伤,无发霉、腐烂、变软、变色和畸形,花球高度为11~14cm。

(4)切分。用刀切去外叶和柄,切割成朵,花蕾半径3.5~4.0cm,茎半径1.2~1.5cm。

(5)清洗。将切割后的花朵由输送带送入清洗水槽中清洗,以除去青花菜中的异物。

　　(6)杀青。在杀青水中加入质量分数 0.80% 的 $CaCl_2$,质量分数 0.03% 的蚕丝肽,质量分数 3%～5% 的海藻糖,由输送带将清洗过的青花菜朵送入杀青液中杀青,杀青温度 95℃,杀青时间 3min。

　　(7)冷却。热烫后的青花菜经冷水喷淋降温后,再浸入冷却槽,用 5℃ 以下流动的,质量分数为 0.02% 的溶菌酶冷却水继续冷却,在 1～2min 内中心温度迅速降到 10℃ 以下,捞出沥水。

　　(8)速冻。沥水后,由提升输送带送入单冻机内,在 -35～-30℃ 下,速冻 7.5～10min,至青花菜朵中心温度低于 -18℃。

　　(9)检验。对冻结后的花球检验,挑出不良品,挑选要迅速,以防产品解冻。

　　(10)包装。经检验后的速冻青花菜由输送机送入 -5℃ 的低温包装车间,立即装袋、称重量、封口、装箱。内包装采用 0.08mm 的聚乙烯塑料袋,外包装采用双瓦楞纸箱,规格为 10kg/箱。

　　(11)冻藏。装箱后置于 -20～-18℃(原温度 -22℃ 左右)低温冷库中冻藏。

二、西蓝薹保鲜加工技术

　　西蓝薹的薹花脆嫩,采收后对温度和湿度都有一定要求,一般采摘后当天就要分拣、装箱、打冰、进入冷库,使用保鲜膜配合冷藏或者包装容器内加冰储藏与运输。采用如下这些方法,可以有效延长保鲜时间。

　　1. 工艺流程　原料挑选与整理→预冷→装箱→打冰→进入冷库(冷链车)。

　　2. 操作要点

　　(1)原料挑选与整理。原料要求新鲜,薹花球紧密,无病虫害,无斑疤、异色等。合格原料及时加工,在 24h 内处理完毕。

　　(2)预冷。在洁净的大水泥池中,放入冰块,注入清水,水温 0℃,浸入西蓝薹,10min 后捞出,沥干水分。

　　(3)及时装箱。一般商品薹 15kg/箱。具体操作是:先在泡沫箱底部打 3 个圆形洞眼,然后底部放 3 个冰瓶。冰瓶合计 3kg,在冰瓶上整齐摆放

8kg 的西蓝薹,在摆好的西蓝薹上放一层绵纸,然后在面纸上加 3kg 的碎冰,碎冰上再加一层绵纸,绵纸上再加 6kg 的西蓝薹,西蓝薹上铺盖面纸后加适量碎冰,封箱打包完成。

(4) 及时放入冷库或冷链车。贮藏期间,控制温度 0～2℃。

三、皱叶菜保鲜加工技术

皱叶菜是一种具有良好的营养价值与保健功能的蔬菜,富含维生素C、胡萝卜素及多种矿物质,对人体健康具有重要的营养学意义。目前,我国市场上的皱叶菜主要以皱叶菜嫩叶和侧生薹为食用部分,叶用部分主要是采用低温打冷的方法保鲜,皱叶菜薹可以采用薹的加工保鲜方法。此外,皱叶菜含有丰富的硫苷、色素类物质及多酚类活性物质,具有明显的抗氧化、抗肿瘤、保护视力、改善心血管疾病的功效,故利用皱叶菜茎、菜心部分提取活性物质在食品、保健品及化妆品等方面具有一定的发展潜力。

(一) 低温打冷保鲜皱叶菜

皱叶菜高效低廉的贮藏保鲜方法是尽力保持较低的温度(一般 0～8℃)和处理好贮藏空间空气的流通情况。一般采摘后当天就要分拣、装箱、打冰、进入冷库,使用保鲜膜配合冷藏或者包装容器内加冰储藏与运输,相对比菜薹类更易保鲜,也不容易损耗,更宜走长途运输。

(二) 鲜切皱叶菜

鲜切皱叶菜是皱叶菜主要的加工制品,是以皱叶菜嫩叶为原料,经过挑选、清洗、切分、保鲜、贮藏等一系列工艺处理制成保持新鲜状态的果蔬加工制品,以供消费者直接食用或烹饪加工。鲜切蔬菜新鲜、方便,极大程度上保持果蔬本身的营养价值。

(三) 皱叶菜饮料

皱叶菜饮料是以新鲜皱叶菜为原料,经过清洗、打浆、调配、均质、脱气、灌装、杀菌等步骤制成的具有特殊风味和营养价值的蔬菜汁,是皱叶菜未来深加工方向之一。

第二节 青花菜、西蓝薹和皱叶菜食用方法

一、青花菜的食用方法

青花菜原产于西方,后期才传入中国,并逐渐成为大家日常餐桌上常见的一种蔬菜。青花菜营养价值丰富,含有多种维生素及矿物质,那么,青花菜的烹饪方法都有哪些呢? 怎么做才能让青花菜既好吃又营养呢?

(一) 凉拌

1. 凉拌青花菜

(1) 制作食材。青花菜 300g,胡萝卜 1 根,大蒜、盐、香油、鸡精、辣椒油、生抽适量。

(2) 制作方法。①青花菜洗净,切成朵;胡萝卜洗净切片。②锅里加水,放少许食用油和盐烧开,把泡好的青花菜和切好的胡萝卜片放入焯 1min 左右,捞出过凉水,控干水分。③蒜瓣切沫。④把青花菜、胡萝卜、蒜末放入盆中,放入盐、鸡精、生抽、香油。⑤再放入少许辣椒油,翻拌均匀装盘即可。

2. 蒜蓉汁凉拌青花菜

(1) 制作食材。青花菜 300g,大蒜、干辣椒、淀粉、食用油、蚝油、生抽、糖、香醋、盐、鸡精、辣椒油适量。

(2) 制作方法。①将青花菜摘成小朵,放入锅中焯熟后捞出备用。②碗中加 1 勺蚝油、两勺生抽、半勺糖、1 勺香醋,适量盐和鸡精,两勺水淀粉,以及适量水,调成料汁。③锅中放油,加入适量蒜末、干辣椒炒香,然后加入料汁,待汤汁浓稠后,盛出浇在焯熟后的青花菜上即可食用。

3. 青花菜沙拉

(1) 制作食材。青花菜 100g,洋葱、番茄 50g,沙拉酱适量。

(2) 制作方法。①青花菜洗净,切成朵;洋葱洗净,切碎;番茄洗净,一部分切碎粒,一部分切片。②将青花菜放入沸水锅中焯熟后捞出。③将青花菜、洋葱粒、番茄粒一起装入盘中。④挤上沙拉酱一起拌匀,用番茄围边

即可。

4. 冰镇三蔬

(1)制作食材。黄瓜片 150g,青花菜 150g,胡萝卜 150g,冰块 800g,盐 3g,酱油 10mL,味精 2g。

(2)制作方法。①胡萝卜洗净,切长薄片,青花菜洗净备用。②青花菜放入开水中焯水,沥干水。盐、味精、酱油、凉开水调成味汁装碟。③将备好的材料放入装有冰块的冰盘中冰镇,食用时蘸味汁即可。

5. 辣油拌双花

(1)制作食材。菜花 250g,青花菜 200g,醋 5mL,辣椒油 8mL,味精 1g,盐 3g。

(2)制作方法。①菜花掰成小朵洗净,放沸水中焯熟,摆盘待用。②青花菜掰成小朵洗净,放沸水中焯熟,摆盘。③将辣椒油、盐、醋、味精放入碗内调成汁,浇在双花上,拌匀即可食用。

6. 青花菜拌银耳

(1)制作食材。青花菜 300g,银耳 10g,胡萝卜、蒜瓣、食用油、糖、盐、醋、鸡精、生抽适量。

(2)制作方法。①青花菜掰小朵用盐水浸泡,银耳泡发后撕成小朵,胡萝卜切片,蒜切成末。②锅里水烧开,放入银耳焯熟,胡萝卜也焯熟。③最后放入青花菜焯熟,捞出,控水,放在大碗里。④取一空碗,放入糖、盐、鸡精、生抽,拌匀。⑤锅里放适量油,放入蒜末小火煸炒。⑥蒜末呈金黄色时浇在料汁里。⑦将搅匀的料汁浇在青花菜上,拌匀装盘即可。

7. 炝拌双耳青花菜

(1)制作食材。青花菜 100g,胡萝卜 35g,泡发黑木耳 50g,泡发银耳 50g,红干椒 4 个,大蒜 2 瓣,食用油、糖、盐、花椒、白醋、酱油适量。

(2)制作方法。①青花菜掰成小把、胡萝卜切斜片,黑木耳和银耳泡发后摘掉根部,撕成小片。②红干椒切斜段,大蒜切成蒜末。③锅中烧开水,先放入青花菜、胡萝卜。④再放入黑木耳和银耳,煮开后捞出过凉水沥干水分备用。⑤把青花菜、胡萝卜、木耳和银耳放入容器中,红干椒和蒜末放在最上面。⑥锅中放适量油烧热后,放入花椒小火炸出香味。⑦把花椒捞出丢弃,热油浇到红干椒和蒜末上榨出香味。⑧调入酱油、适量盐、醋和糖。⑨戴一次性手套抓拌均匀后装盘即可。

(二) 热菜

1. 青花菜炒肉

(1) 制作食材。猪肉 250g,青花菜 450g,葱、姜、蒜、胡萝卜、食用油、生抽、盐、鸡精适量。

(2) 制作方法。①青花菜掰小朵清洗,然后用开水烫一下,用冷水冲洗一遍。肉切片,准备好辅料。②起锅油开后将肉炒到发白。③放葱花、姜爆香,投入胡萝卜继续翻炒。④放入青花菜继续翻炒。⑤调入生抽、盐和鸡精。⑥放蒜翻炒几下出锅装盘。

2. 清炒青花菜

(1) 制作食材。青花菜 500g,大蒜少许,食用油、料酒、盐、鸡精适量。

(2) 制作方法。①青花菜焯水捞出控干水分。②切蒜末。③锅倒油烧热放入蒜末炒香。④倒入青花菜,淋入料酒翻炒。⑤最后调入盐,鸡精炒匀。⑥出锅装盘。

3. 蒜蓉青花菜

(1) 制作食材。青花菜 300g,大蒜少许,食用油、盐、蚝油适量。

(2) 制作方法。①青花菜切掉根部,用小刀切成小朵,放在水中浸泡片刻。②把青花菜放入开水中焯烫一下,时间不要太长,水开后再煮 1min 即可。③把青花菜捞出控水。④大蒜切成蒜蓉。⑤锅烧热倒入食用油,下入蒜蓉炒香。⑥倒入青花菜翻炒后加入少许开水、食用盐。⑦倒入 1 勺蚝油继续翻炒 1min 左右。⑧等到蚝油化开汤汁变浓稠即可出锅装盘。

4. 青花菜炒虾仁

(1) 制作食材。青花菜 300g,虾仁 100g,淀粉、大蒜、食用油、盐、生抽适量。

(2) 制作方法。①将青花菜洗净摘成小朵,然后放入开水中炒熟后捞出。②虾仁用适量生抽、淀粉腌制一下。③大蒜拍成蒜末备用。④锅中倒油,倒入蒜末以及虾仁,翻炒至虾仁变色加入青花菜翻炒,然后加入适量盐,即可出锅食用。

5. 蚝油青花菜

(1) 制作食材。青花菜 300g,香菇 100g,小红椒 5 个,蒜瓣 20g,鸭肉 30g,葱段 15g,食用油、蚝油、盐适量。

(2) 制作方法。①香菇切花,只是为了好看,不切也是可以的。②青花菜切小瓣,清洗干净。③小红椒切小段,蒜瓣剁碎,烧鸭切小块。④锅里水煮开,滴少许食用油,倒入青花菜和香菇,煮 2min 后,捞出沥干备用。⑤锅里倒入适量的食用油,七成热,将所有的食材一起都倒进锅里,翻炒一会儿。⑥加适量的蚝油,继续翻炒,最后加少许的鸡精,炒匀装盘。

(三) 蒸食

1. 青花菜鸡蛋羹

(1) 制作食材。青花菜 200g,鸡蛋 1 个,食盐、生抽适量。

(2) 制作方法。①青花菜洗净,用水焯熟,过凉水,切碎。②1 个鸡蛋,两倍的水,加入青花菜搅匀。③锅内水烧开后,放入蛋液,蒸 10min 左右。④蒸好后点一点香油和生抽。

2. 青花菜花饼

(1) 制作食材。青花菜 300g,面粉 200g,五香粉 10g,盐适量。

(2) 制作方法。①青花菜洗净。②把青花菜剁碎,加干面粉、五香粉、食、盐鸡蛋。③搅均匀成糊状。④平底锅预热烧油,用勺子一勺煎一个小饼,烙至两面金黄出锅。⑤食用也可以用蒜瓣。

二、西蓝薹的食用方法

西蓝薹口感与芦笋相似,可熟食也可生食,制作方法简单,整个花薹花蕾均可食用,炒、生吃、煮、腌制均可。西蓝薹的处理关键在于过水,水煮大约 2min,既能让西蓝薹变熟,又能保持其脆嫩口感。除可用花球外,幼嫩的花薹也有它的营养价值。

(一) 凉菜

1. 西蓝薹沙拉

(1) 制作食材。西蓝薹 400g,红黄彩椒 50g,苹果 100g,沙拉酱适量。

（2）制作方法。①西蓝薹去皮清洗干净,切小段,彩椒切小块,苹果切小条。②将西蓝薹、彩椒放入沸水锅中,焯水后捞起冲凉备用。③将沙拉酱和西蓝薹、彩椒、苹果条充分拌匀,装盘即可。

2. 凉拌西蓝薹

（1）制作食材。西蓝薹400g,大蒜、盐、香油、鸡精、辣椒油、生抽适量。

（2）制作方法。①西蓝薹去皮清洗干净。②锅里加水,放少许食用油和盐烧开,把西蓝薹放入焯1min左右,捞出过凉水,控干水分。③蒜瓣切末。④把西蓝薹、蒜末放入盆中,放入盐、鸡精、生抽、香油。⑤放入少许辣椒油,翻拌均匀装盘即可。

3. 蒜蓉汁凉拌西蓝薹

（1）制作食材。西蓝薹400g,大蒜、干辣椒、淀粉、食用油、蚝油、生抽、糖、香醋、盐、鸡精、辣椒油适量。

（2）制作方法。①西蓝薹去皮清洗干净,放入锅中焯熟后捞出备用。②碗中加1勺蚝油、两勺生抽、半勺糖、1勺香醋,适量盐和鸡精,两勺水淀粉,以及适量水,调成料汁。③锅中放油,加入适量蒜末、干辣椒炒香,然后加入料汁,待汤汁浓稠后,盛出浇在焯熟后的西蓝薹上即可食用。

（二）热菜

1. 西蓝薹扒牛排

（1）制作食材。西蓝薹200g,牛排250g,鸡蛋1个,料酒、黑胡椒粉、盐、生抽、黑胡椒汁、番茄汁适量。

（2）制作方法。①将新鲜牛排双面打好花刀,放入料酒、黑胡椒粉、盐、生抽提前腌制半小时入味。②西蓝薹去皮清洗干净,放入沸水锅中,加盐给底味,焯水后捞起冲凉备用。③用平底锅烧热放油,将牛排中火煎至八分熟。④调自己喜欢的汁(黑胡椒汁、番茄汁)淋在煎好的牛排上。⑤西蓝薹用油和黑椒碎蒜蓉爆香炒熟摆盘。⑥放入煎好的荷包蛋就制作完成(图F-1)。

2. 香煎西蓝薹

（1）制作食材。西蓝薹300g,培根300g,橄榄油、黑胡椒粉、盐适量。

（2）制作方法。①西蓝薹去皮清洗干净,放入沸水锅中,加盐给底味,焯水后捞起冲凉备用。②用培根片把西蓝薹卷成培根卷。③取平底锅烧热加适量橄榄油,用小火翻面煎熟。④调味撒少许黑胡椒粉、盐,起锅摆盘即可(图F-2)。

3.西蓝薹鳕鱼排

(1)制作食材。西蓝薹250g,鳕鱼250g,食用油、大蒜、酱汁适量。

(2)制作方法。①西蓝薹去皮清洗干净,放入沸水锅中,加盐给底味,焯水后捞起冲凉备用。②锅烧热放油,加入蒜蓉爆香,放入西蓝薹炒熟摆盘。③鳕鱼煎至两面熟,调自己喜欢的汁,和西蓝薹配搭(图F-3)。

4.西蓝薹鱿鱼花

(1)制作食材。西蓝薹300g,鱿鱼300g,红椒30g,食用油、葱、姜、蒜、淀粉、料酒、食盐适量。

(2)制作方法。①西蓝薹去皮清洗干净,放入沸水锅中,加盐给底味,焯水后捞起冲凉备用。②锅烧热放油,放入西蓝薹炒熟摆盘。③把鱿鱼处理干净,切蓑衣花刀,分切成小段,用沸水焯水备用。④锅洗干净烧热放油,放入葱、姜、蒜爆香,加入鱿鱼花翻炒。⑤倒入料酒少许、食盐少许、海鲜里汤汁多留点,调味勾芡,淋少许明油装盘即可(图F-4)。

5.鲍汁双拼

(1)制作食材。西蓝薹300g,杏鲍菇300g,盐、蚝油适量。

(2)制作方法。①西蓝薹去皮清洗干净,放入沸水锅中,加盐给底味,焯水后捞起冲凉备用。②杏鲍菇先切2cm的小段,再切十字花刀,然后焯水备用。③锅烧热,用蚝油调汁放入西蓝薹和杏鲍菇,小火焖熟,调鲍汁味淋在西蓝薹上即可(图F-5)。

三、皱叶菜的食用方法

(一)皱叶菜叶片

1.蒜蓉汁凉拌皱叶菜

(1)制作食材。皱叶菜300g,大蒜、盐、胡椒粉、醋、白糖、蚝油适量。

(2)制作方法。①皱叶菜幼嫩叶片,热水中加入盐和食用油少许,加入皱叶菜过热水 2min 左右,盛出过冷水备用。②红椒切丝过开水备用。③过冷水后的皱叶菜摆盘,在上面摆上过热水的红椒。④取一空碗,加入适量盐、胡椒粉、醋、白糖、蚝油、生抽调料备用。⑤锅内加入食用油烧热,加入花椒和干辣椒。⑥最后把先前调好的料加入热油中,起锅浇入摆好的皱叶菜上(图 F-6)。

2. 腊味皱叶菜玉米糊

(1)制作食材。皱叶菜 500g,腊肉 300g,食盐适量。

(2)制作方法。①腊肉切成小颗粒,皱叶菜切碎。②腊肉粒下锅炒香后再加入切碎的皱叶菜。③一起翻炒 1min 后加入适量的清水和少许食盐。④水开后均匀撒入玉米面,并用锅铲不断搅动,小火煮至玉米面断生,且为黏稠状即可(图 F-7)。

3. 排骨涮皱叶菜

(1)制作食材。皱叶菜 500g,腊排骨 300g,姜、蒜、花椒适量。

(2)制作方法。①腊排骨温水浸泡 4～6h。②洗干净的腊排骨加适量清水和姜、蒜、花椒入高压锅压 20min(无须加盐)。③腊排骨炖好后转入砂锅,待腊排骨汤沸下入皱叶菜,边涮边吃(图 F-8)。

4. 皱叶菜肉包子

(1)制作食材。皱叶菜 500g,面粉、肉、姜蒜、生抽、盐、胡椒适量。

(2)制作方法。①准备好皱叶菜,把皱叶菜放入热水中焯水,焯水后的皱叶菜切碎做馅。②准备好肉馅,加入姜、蒜,适量生抽、盐、胡椒等调料。③将调好的肉馅倒入切碎的皱叶菜中搅拌,皱叶菜鲜肉包馅就调好了。④拿出提前发酵的面团,揉搓成长条,擀片,包馅,放入蒸笼里,发酵 1h 左右。⑤开火蒸 20min 左右,皱叶菜鲜肉包就做好了(图 F-9)。

5. 皱叶菜小龙虾

(1)制作食材。皱叶菜 500g,小龙虾 1 500g。

(2)制作方法。①皱叶菜幼嫩叶片洗净。热水中加入少许盐和食用油,再加入皱叶菜过热水。②2min 左右后,盛出皱叶菜过冷水备用。②用小牙刷把小龙虾刷干净。③葱切段,姜切丝。④锅中倒入油,放入小龙虾翻炒,变色捞出。⑤锅中倒入少量油爆香葱,加入姜、干辣椒和花椒粒和豆瓣酱翻炒。⑥放入小龙虾翻炒,加入少量料酒、老抽和糖(觉得味淡再加点盐)。⑦加入 1 罐啤酒,大火煮一会儿。⑧把焯水后的皱叶菜整齐摆入盘中。⑨汤汁收得不多时,将小龙虾盛出摆入盘中皱叶菜上,这样一道美味的皱叶菜小龙虾就做好了(图 F-10)。

6. 皱叶菜汁

(1) 制作食材。皱叶菜 500g,蜂蜜适量。

(2) 制作方法。①取 500g 皱叶菜,去除叶脉,洗干净,并手工撕碎。②取 2L 冷开水,加入 3～4 勺蜂蜜,搅拌均匀。③将 25～30 目的过滤网洗干净待用。④将破壁机杯身洗干净,然后将洗净的皱叶菜放入破壁机里。⑤倒入调制好的蜂蜜水,启动果汁键 1～1.5min 后倒在过滤网上过滤,过滤后的皱叶菜汁就可以食用了(图 F-11)。

(二) 皱叶菜薹

1. 皱叶菜薹炒腊肉

(1) 制作食材。皱叶菜 500g,腊肉 100g,盐、鸡精适量。

(2) 制作方法。①取皱叶菜薹,剥皮,清洗干净,切段备用。②将腊肉切成薄片,接着起锅加入食用油。③将腊肉放入锅中,偏炒 2min 左右。④待炒出部分油后,然后倒入皱叶菜薹大火翻炒至断生。⑤加入少许盐、鸡精即可。

2. 清炒皱叶菜薹

(1) 制作食材。皱叶菜 500g,糖、盐、蒜适量。

(2) 制作方法。①取皱叶菜薹,剥皮(幼嫩部分可以不剥皮),幼嫩的叶片也可以食用。②锅中热水加入盐和食用油少许。③将整理好的皱叶菜薹先在烧开的热水中焯水 2min 左右捞出,然后下油锅,放蒜末爆炒,放入少量的糖、盐等调料,充分翻匀后起锅。

参 考 文 献

［1］ 方智远.中国蔬菜育种学[M].北京:中国农业出版社,2017.

［2］ 张振贤.蔬菜栽培学[M].北京:中国农业大学出版社,2003.

［3］ 宋立晓.青花菜高效生产新模式[M].北京:金盾出版社,2012.

［4］ 王迪轩.花椰菜、青花菜优质高产问答[M].北京:化学工业出版社,2011.

［5］ 曾爱松,戴忠良,严继勇,等.结球甘蓝抱子甘蓝青花菜设施栽培[M].北京:中国农业
出版社,2013.

［6］ 苏英京.临海青花菜优质高效栽培机制与技术[M].北京:中国农业出版社,2010.

［7］ 姚芳.花椰菜周年生产技术.北京:金盾出版社[M],2013.

［8］ 王鑫.十字花科蔬菜育种与种子生产[M].北京:化学工业出版社,2012.

［9］ 王迪轩.现代蔬菜栽培技术手册[M].北京:化学工业出版社,2019.

［10］ 张彦萍.花椰菜、绿菜花安全优质高效栽培技术[M].北京:化学工业出版社,2012.

［11］ 刘海河.蔬菜病虫害防治[M].北京:金盾出版社,2009.

［12］ 柳涛.绿菜花高效栽培技术[M].北京:金盾出版社,2008.

［13］ 张和义.青花菜优质高产栽培技术[M].北京:金盾出版社,2007.

［14］ 李占省,刘玉梅,方智远,等.我国青花菜产业发展现状、存在问题与应对策略[J].中
国蔬菜,2019,362(4):7-11.

［15］ 李占省,刘玉梅,方智远,等.青花菜 P450CYP79F1 全长克隆、表达及其与不同器官
中莱菔硫烷含量的相关性分析[J].中国农业科学,2018,51(12):2357-2367.

［16］ 李占省,张黎黎,张小丽,等.转 Cry1Ac 青花菜回交后代鉴定方法研究[J].园艺学报,
2018,45(01):97-108.

［17］ 李占省,刘玉梅,方智远,等.甘蓝和青花菜不同器官中莱菔硫烷含量差异研究[J].核
农学报,2017,31(03):447-454.

［18］ 李占省,刘玉梅,方智远,等.我国青花菜产业发展现状、存在问题与应对策略[J].中
国蔬菜,2019,(04):1-5.

［19］ 张硕,刘玉梅,韩风庆,等.春季大棚青花菜节水节肥高效栽培模式[J].中国蔬菜,
2020,(10):103-105.

［20］ 施俊生.国家青花菜良种重大科研联合攻关进展及对策建议[J].浙江农业学,2019,
60(12):2223-2225.

[21] 刘宗,王峰,韩益飞,等.如东县青花菜产业发展前景分析[J].中国果菜,2018,38(2):44-46.

[22] 童良永,樊继刚,韩善红,等.青花菜绿色栽培技术[J].上海蔬菜,2017(5):15-17.

[23] 滕友仁.把脉响水青花菜产业发展.江苏农村经济[J],2020(1):53-55.

[24] 李永平,沈立,何道根.浙江青花菜产业现状及国产品种在推广过程中存在的问题对策[J].浙江农业科,2017,58(7):175-177.

[25] 王婷婷,赵一安,丁璐.冀西北高寒区青花菜优质高效栽培技术[J].现代农业科技.2020(8):35-36.

[26] 何永芬.葡萄田套种青花菜种植技术初探[J].云南农业,2019(7):49-50.

[27] 朱婷.台州市青花菜—春大豆—晚稻种植模式探索[J].研究报告,2020(11):15-16.

[28] 林锦辉.毛豆—西蓝花—水稻一年三茬绿色高效栽培模式[J].中国农技推广,2021(1):60-61.

[29] 常庆涛,何松银,陆海兵,等.泰州地区大棚芋头、鲜食花生、青花菜、苋菜一年四熟制高效种植摸式及配套栽培技术[J].农业科技通讯,2021(11):290-292.

[30] 车旭升,吕剑,冯敏,等.不同灌水下限及氮素形态配比对青花菜干物质分配、产量及品质的影响[J].华北农学报.2020,35(5):149-158.

[31] 田德龙,李泽坤,徐冰,等.膜下滴灌对麦后复种青花菜生长及水分利用效率的影响[J].中国农村水利水电,2020(12):77-79.

[32] 孔秀莲,王信国.我国青花菜产业发展现状分析[J].新农民,2021(14).

[33] 王旭辉,施通武,徐强强,等.双季稻十青花菜水旱轮作模式增产增效技术研究[J].中国稻米,2021(5):140-142.

[34] 沈峰,秦永斌,刘哲,等.响水县青花菜品种比较试验[J].长江蔬菜,2021(8):58-60.

[35] 王祝余.有机肥部分替代化肥对早春青花菜生产以及土壤养分含量的影响,农业工程技术.2021(6):18-22.

[36] 王晓梅,崔坤,陆艳玲.中国青花菜应用价值及生产出口前景分析[J].农业信息科学,2008(11):478-480.

[37] 王道兵,韩兴涛,杨雷.生物有机肥施用量对土壤性状及青花菜商品性、产量的影响[J].南方农业,2020(1):30-31.

[38] 顾宏辉,王建升,赵振卿,等.浙江省青花菜产业未来发展的思考[J].浙江农业科学,2021(5):851-853.

[39] 周才良,王祝余,马艳丽,等.水肥一体氮肥减量追施对青花菜产量、品质和氮肥利用率的影响[J].蔬菜,2019(9):36-38.

[40] 王峰,陆小鑫,邵亚飞,等.不同移栽方式对青花菜植株生长的影响研究[J].中国果

蔬,2021(1):63-65.

[41] 赵卫松,李社增,鹿季云,等.青花菜植株残体还田对棉花黄萎病的防治效果及其安全性评价[J].中国生物防治学报,2019(6):449-455.

[42] 林怡,王驰,江桔方,等.不同配方施肥对青花菜产量和效益的影响[J].农业科技通讯,2021(6):208-211.

[43] 王前进,江嵩令,许海敏,等.不同施肥处理对青花菜产量效益的影响比较.广东农业科学.2012(1):65-67.

[44] 刘景坤,张博超,李鹏.养分调控对青花菜关键生长指标、抗病性及产量的影响[J].黑龙江农业科学,2021(5):23-26.

[45] 江波,薛贞明,王静,等.有机氮不同替代量对青花菜产量和品质的影响[J].安徽农业科学,2021,49(11):142-144

[46] 陈君,丁扬东,张胜,等.4种除草剂对青花菜田杂草的防治效果[J].浙江农业科学,2021,62(8):1578-1579.

[47] 孙彩霞,徐明飞,戴芬,等.露地和温室栽培模式下青花菜中3种农药的残留动态与风险评估[J].中国科学院大学学报,2019(7):552-559.

[48] 刘景坤,张博超,左利兵,等.生物农药防治青花菜黑腐病和霜霉病效果初探[J].中国植保导刊,2021(7):80-82.

[49] 陈纪算,高天一,毛培武,等.不同化学药剂防治青花菜小菜蛾效果试验[J].浙江农业科学,2021,62(5):989-991.

[50] 肖荣洪.青花菜根肿病的发生特点及防治措施[J].中国农技推广,2020(10):79-80.

[51] LI ZS, ZHENG SN, LIU YM, et al. Characterization of glucosinolates in 80 broccoli genotypes and different organs using UHPLC-Triple-TOF-MS method[J]. Food chemistry, 2021, 334:127519.

[52] LI Z, LIU Y, YUAN S, et al. Fine mapping of the major QTLs for biochemical variation of sulforaphane in broccoli florets using a DH population[J]. Scientific Reports, 2021, 11(1):90-104.

[53] HUANG J, SUN J, LIU E, et al. Mapping of QTLs detected in a broccoli double diploid population for planting density traits[J]. Scientia Horticulturae, 2021, 277:109835.

[54] HAN F, HUANG J, XIE Q, et al. Genetic mapping and candidate gene identification of BoGL5, a gene essential for cuticular wax biosynthesis in broccoli[J]. BMC Genomics, 2021, 22(1):811.

[55] HUANG J, LIU Y, HAN F, et al. Genetic diversity and population structure analy-

sis of 161 broccoli cultivars based on SNP markers[J]. Horticultural Plant Journal, 2021, 277:109835.

[56] HAN F, LIU Y, FANG Z, et al. Advances in Genetics and Molecular Breeding of Broccoli[J]. Horticulturae, 2021, 7:280.

[57] LI Z, LIU Y, LI L, et al. Transcriptome reveals the gene expression patterns of sulforaphane metabolism in broccoli florets[J]. PloS one, 2019, 14(3):e0213902.

[58] LI Z, MEI Y, LIU Y, et al. The evolution of genetic diversity of broccoli cultivars in China since 1980[J]. Scientia Horticulturae, 2019, 250:69-80.

[59] LI Z, LIU Y , FANG Z , et al. Natural Sulforaphane From Broccoli Seeds Against Influenza A Virus Replication in MDCK Cell[J]s. Natural Product Communications, 2019, 14(6):1934578X1985822.

[60] LI ZHANSHENG , WEI XIAOCHUN , LI LINGYUN, et al. Development of a Simple Method for Determination of Anti-cancer Component of Indole-3-carbinol in Cabbage and Broccoli[J]. Journal of Food and Nutrition Research, 2017, 9(5): 642-648.

[61] LI ZHANSHENG ,LIU YUMEI ,FANG ZHIYUAN , et al. Development and Identification of Anti-cancer Component of Sulforaphane in Developmental Stages of Broccoli (*Brassica oleracea* var. *italica* L.)[J]. Journal of Food and Nutrition Research, 2016, 4(8), 490-497.

[62] LI ZS, LIU YM, FANG ZY, et al. Variation of Sulforaphane Levels in Broccoli (*Brassica Oleracea* Var. *Italica*) during Flower Development and the Role of Gene Aop2[J]. Journal of Liquid Chromatography & Related Technologies, 2014, 37(9): 1199-1211.

附　　录

附录 A　西蓝花栽培技术规程
（湖北省地方标准　DB42/T 1822—2022）

前　　言

本文件按照 GB/T 1.1—2020《标准化工作导则　第 1 部分:标准化文件的结构和起草规则》的规定起草。

请注意本文件的某些内容可能涉及专利。本文件的发布机构不承担识别专利的责任。

本文件由武汉亚非种业有限公司提出。

本文件由湖北省农业农村厅归口管理。

本文件起草单位:武汉亚非种业有限公司、华中农业大学园艺林学学院、湖北省现代农业展示中心、武汉市汉南区农业技术推广中心。

本文件主要起草人:贺亚非、万正杰、张国忠、彭珍东、刘传友、郑青峰、杨艳斌、孙琛、廖建桥、姚少林、刘俨、龚进、樊涛、张倩、朱凤娟、董严波、潘智玲。

本文件实施应用过程中的疑问,可咨询湖北省农业农村厅,联系电话:027-87665821,邮箱:hbsnab@126.com;有关修改意见建议请反馈至武汉亚非种业有限公司,联系电话:027-88393136,邮箱:yafeiseed@163.com。

西蓝花栽培技术规程

1　范围

本文件规定了西蓝花(又称青花菜,*Brassica oleracea* L. var. *italica*)栽培的产地环境、品种选择、播种育苗、整地施肥、大田定植、田间管理、病虫害防治、采收贮藏、生产档案的要求。

本文件适用于湖北地区的西蓝花露地秋季栽培。

2　规范性引用文件

下列文件中的内容通过文中的规范性引用而构成本文件必不可少的条款。其中,注日期的引用文件,仅该日期对应的版本适用于本文件;不注日期的引用文件,其最新版本(包括所有的修改单)适用于本文件。

GB/T 15063 复合肥料

NY/T 391 绿色食品　产地环境质量

NY/T 393 绿色食品　农药使用准则

NY/T 394 绿色食品　肥料使用准则

NY/T 525 有机肥料

NY/T 746 绿色食品　甘蓝类蔬菜

NY/T 941 青花菜等级规格

HG/T 4365 水溶性肥料

3　术语和定义

本文件没有需要界定的术语和定义。

4　产地环境

应符合 NY/T 391 的要求。

5　品种选择

根据生产条件和产品上市需求等,宜选择早、中、晚熟,花球紧实、花蕾细小、商品性好、侧枝较少、产量较高、抗病、适宜当地种植的品种。

6　播种育苗

6.1　苗床处理

宜选择排水良好、地势较高、用水方便的大棚地块,在大棚内做高20cm、宽1.8m的厢面,厢面整平压实后,铺设2m宽的黑色地布。

6.2　备盘

宜选用 72 孔或 105 孔的聚乙烯塑料穴盘。旧穴盘宜用 50% 的多菌灵500 倍溶液浸泡 30min,清洗干净。

6.3　基质准备与配制

宜用草炭、珍珠岩商品基质。每 1m³ 基质需加入 50% 的多菌灵可湿性粉剂 400g,均匀撒在干基质上。然后边撒水边拌基质。拌好的基质用农膜覆盖,杀菌消毒 1d 后使用。

6.4 基质装盘

将处理好的基质装入穴盘孔内,整平盘面。

6.5 播种期

根据品种熟期的差异,选择适宜播期分批种植,抗热中早熟品种在 7 月 25 日—8 月 5 日播种、耐低温中早熟品种在 8 月 5 日—8 月 25 日播种、晚熟越冬品种在 8 月 25 日—9 月 5 日播种。

6.6 播种摆盘

穴盘每穴播 1 粒种子,播种后用基质盖种,整平盘面基质;将播好种子的穴盘整齐摆放到厢面。

6.7 苗床管理

浇水:穴盘摆放好后,采用淋浴式喷头均匀浇透水,直到穴盘底部渗水,夏秋高温期,每天浇水 1 次～2 次,1 片～3 片真叶期,早晚各浇水 1 次,定植前 3d～4d 逐渐减少浇水量。

遮阴:出苗前,当苗棚温度高于 30℃,在棚架上覆盖遮阳网。出苗达 60%～70%时,早晚拉开遮阳网。

追肥:幼苗第一片真叶展开至定植前,采用符合 HG/T 4365 规定水溶性肥浇施,浓度 0.2%,间隔 7d～10d 浇施 1 次。

炼苗:定植前 5d～7d,逐渐撤去遮荫网,让幼苗适应自然气候环境。

7 整地施肥

7.1 整地

选择土壤有机质含量丰富、地块平整、排灌条件好的地块种植。选晴天土壤在墒情合适的状态下,用拖拉机翻耕,深度 20cm～25cm。晾晒后旋耕整碎土壤,按 1.2m 宽开沟起垄,垄高 20cm～25cm。

7.2 施用基肥

每 667m² 底施有机肥符合 NY/T 525－2021 有机肥 400kg～600kg,N：P：K=20：10：15 或相近配方的蔬菜专用肥 40kg～60kg,硼肥 0.75kg～1kg 和锌肥 0.25kg～0.5kg。

8 大田定植

8.1 定植密度

每垄定植 2 行,行距 40cm～50cm,根据不同品种株型,株距 37cm～45cm,每 667m² 定植 2 400 株～3 000 株。

8.2 定植方法

将大小苗分级、开穴定植,用细土覆盖苗根部。定植后防治茎基腐病和地下害虫的危害,一般 30％噁霉灵水剂 1 000 倍液＋5％的高效氯氟氰菊酯 1 000 倍液喷淋根颈部来预防。

9 田间管理

9.1 浇水

定植后当天浇足定根水,缓苗后到采收期保持田间最大持水量60％～70％。

9.2 追肥

定植后 10d～15d,每 667m² 追施尿素 4kg～5kg,定植后 30d～40d,每 667m² 追施蔬菜专用肥 10kg～15kg,采用沟施或穴施。

9.3 除侧枝

团棵期后摘除根芽和侧枝,去侧枝以晴天为宜。

9.4 中耕

成株前期中耕、除草 2 次～3 次,结合中耕进行培土。

10 病虫害防治

10.1 常见病虫

主要病害:霜霉病、黑腐病、黑心病等。

主要虫害:地老虎、黄曲条跳甲、小菜蛾、甜菜夜蛾、菜青虫等。

10.2 防治原则

预防为主、综合防治

10.3 防治方法

农业综合防治:选择抗(耐)病品种,培养无病虫壮苗,与非十字花科作物轮作。

物理防治:选用黏虫板或杀虫灯防治。

生物防治：使用苏云金杆菌、苦参碱、BT 生物农药等防治。

化学防治：根据 NY/T393，选择合适药剂，遵守安全间隔期，详见附录 A-A。

11 采收贮藏

11.1 采收

产品质量要符合 NY/T 746 产品质量标准，按照 NY/T 941 标准分级。

11.2 采收方法

花球横径 12cm～15cm 采收，削除多余叶片时应留 0.8cm～1cm 的叶柄，刀具保持清洁，平切球茎，保留茎秆 4cm～5cm。

11.3 装运

采收的西蓝花装筐，摆放时采用球对球，茎对茎交错的方式摆放，装好后覆盖叶片并尽快运回冷库进行低温保鲜；如运输距离较远，可采用地头直接装泡沫箱加碎冰块后封箱长途运输，运输要符合 NY/T 1056 运输标准。

11.4 贮藏

西蓝花的适宜贮藏条件温度：$-2℃～2℃$；湿度：$90\%～95\%$。储存仓库用 $5\%～10\%$二氧化碳气调或聚乙烯薄膜单花球包装。

12 生产档案

做好详细的生产记录，见附录 A-B。

附录 A-A （资料性）
西蓝花生产主要病虫害及防治方法

序号	主要病虫	防治方法
1	霜霉病	未发病或发病前期，用杀毒矾（8％的噁霜灵和 56％的代森锰锌复配的可湿性粉剂）500 倍液均匀喷雾
2	黑腐病	重茬地或连续阴雨天容易发病，建议未发病或发病前期，用 34.5％的喹啉铜和 0.5％的四霉素复配的悬乳剂 1 000 倍液或 3％的中生菌素可湿性粉剂 1 000 倍液均匀喷雾

续表

序号	主要病虫	防治方法
3	黑心病	寄生性霜霉危害花梗、花球所致。未发病或发病前期,用杀毒矾(8％的噁霜灵和56％的代森锰锌复配的可湿性粉剂)500倍液均匀喷雾
4	黄曲条跳甲	跳记(20％的啶虫脒)1 500倍液或5％的呋虫胺1 000倍液叶面均匀喷施
5	小菜蛾、甜菜夜蛾、菜青虫	甲维盐(3％微乳剂)500倍液或艾绿士(60g/L的乙基多杀菌素悬乳剂)1 500倍液或35％的氯虫苯甲酰胺1 000倍液＋25g/L的溴氰菊酯乳油1 000倍液叶面均匀喷施

附录 A-B （规范性）
西蓝花日常管理记录表

地块编号：					种植品类及品种：		播种及定植日期：

日期	主要工作内容				地块负责人：	
	浇水（滴灌/漫灌/喷灌）	施肥(肥料名称、用量及施肥方式)	除草(人工/除草剂)	喷药(药品全称及用量)	实施人	备注

附录B 西蓝薹生产技术规程

前 言

本文件按照 GB/T1.1—2020《标准化工作导则 第1部分:标准的结构和编写》给出的规定起草。

本文件由武汉亚非种业有限公司提出。

本文件由湖北省农业农村厅归口管理。

本文件起草单位:武汉亚非种业有限公司、华中农业大学园艺林学学院、湖北省农业科学院经济作物研究所、恩施土家族苗族自治州农业科学院、武汉经开区(汉南区)农业技术推广服务中心。

本文件主要起草人:贺亚非、万正杰、殷红清、张倩、董严波、朱凤娟、覃章辉、张跃朋、彭珍东、郑青峰、廖建桥、姚少林、闵柏春、龚进、樊涛、江良才、刘传友、尹鑫、向明艳、朱万辉。

本文件不负责识别专利信息。

本文件实施应用过程中的疑问,可咨询湖北省农业农村厅,联系电话:027-87665821,邮箱:hbsnab@126.com;有关修改意见建议请反馈至武汉亚非种业有限公司,联系电话:027-88393136,邮箱:yafeiseed@163.com。

西蓝薹生产技术规程

1 范围

本文件规定了西蓝薹(又称小小西蓝花、青花笋、芦笋青花菜,*Brassica oleracea* L. var. *italica*)生产的产地环境、品种选择、播种育苗、整地施肥、大田定植、田间管理、病虫害防治、采收贮藏、生产档案的要求。

本文件适用于湖北地区的西蓝薹露地秋季栽培。

2 规范性引用文件

下列文件中的内容通过文中的规范性引用而构成本文件必不可少的条款。其中,注日期的引用文件,仅该日期对应的版本适用于本文件;不注日期的引用文件,其最新版本(包括所有的修改单)适用于本文件。

GB/T 15063 复合肥料

NY/T 391 绿色食品 产地环境质量

NY/T 393 绿色食品 农药使用准则

NY/T 394 绿色食品 肥料使用准则

NY/T 525 有机肥料

NY/T 746 绿色食品 甘蓝类蔬菜

NY/T 1056 运输标准

NY/T 746 产品质量标准

3 术语和定义

西蓝薹:属于十字花科芸薹属,由青花菜与芥蓝杂交后代选育而成的一种新型蔬菜。

4 产地环境

应符合 NY/T 391 的要求。

5 品种选择

根据生产条件和产品上市需求等,宜选择早、中、晚熟,分枝薹发生早、生长快、顶部花球小、花球紧实、花蕾细小、商品性好、产量较高、抗病、适宜当地种植的品种。

6 播种育苗

6.1 苗床处理

宜选择排水良好、地势较高、用水方便的大棚地块,在大棚内做高20cm、宽1.8m 的厢面,厢面整平压实后,铺设 2m 宽的黑色地布。

6.2 备盘

宜选用 72 孔或 105 孔的聚乙烯塑料穴盘。旧穴盘宜用 50% 的多菌灵500 倍溶液浸泡 30min,清洗干净。

6.3　基质准备与配制

宜用草炭、珍珠岩商品基质。每 1m³ 基质需加入 50％的多菌灵可湿性粉剂 400g,均匀撒在干基质上。然后边撒水边拌基质。拌好的基质用农膜覆盖,杀菌消毒 1d 后使用。

6.4　基质装盘

将处理好的基质装入穴盘孔内,整平盘面。

6.5　播种期

根据品种熟期的差异,选择适宜播期分批种植。湖北平原地区,秋冬季种植耐热中早熟品种在 7 月 25 日—8 月 15 日播种;耐低温中晚熟越冬品种在 8 月 25 日—9 月 10 日播种;湖北省 1 000m～1 200m 的高山春夏季种植在 4 月 5 日—5 月 25 日播种。

6.6　播种摆盘

穴盘每穴播 1 粒种子,播种后用基质盖种,整平盘面基质;将播好种子的穴盘整齐摆放到厢面。

6.7　苗床管理

6.7.1 浇水　穴盘摆放好后,采用淋浴式喷头均匀浇透水,浇到穴盘底部渗水,夏秋高温期,每天浇水 1 次～2 次,1 片～3 片真叶期,早晚各浇水 1 次,定植前 3d～4d 逐渐减少浇水量。

6.7.2 遮阴　出苗前,当苗棚温度高于 30℃,在棚架上覆盖遮阳网。出苗达 60％～70％时,早晚拉开遮阳网。

6.7.3 追肥　幼苗第一片真叶展开至定植前,采用水溶性肥浇施,浓度 0.2％,间隔 7d～10d 浇施 1 次。

6.7.4 炼苗　定植前 5d～7d,逐渐撤去遮荫网,让幼苗适应自然气候环境。

7　整地施肥

7.1　整地

选择土壤有机质含量丰富、地块平整、排灌条件好的地块种植。选晴天土壤墒情合适的状态下,用拖拉机翻耕,深度 20cm～25cm。晾晒后旋耕整碎土壤,按 1.2m 宽开沟起垄,垄高 20cm～25cm。

7.2 施用基肥

每 667m² 底施符合 NY/T 525－2021 有机肥 400kg～600kg,N∶P∶K ＝20∶10∶15 或相近配方的蔬菜专用肥 40kg～60kg,硼肥 0.75kg～1kg 和锌肥 0.25kg～0.5kg。

8 大田定植

8.1 定植密度

每垄定植 2 行,垄上行距 40cm～50cm,根据不同品种的株型,设置株距 37cm～45cm,每 667m² 定植 2 500 株～3 200 株。

8.2 定植方法

将大小苗分级、开穴定植,用细土覆盖苗根部。定植后防治茎基腐病和地下害虫的危害,用 30％噁霉灵水剂 1 000 倍液＋5％的高效氯氟氰菊酯 1 000 倍液喷淋根颈部预防。

9 田间管理

9.1 浇水

定植后当天浇足定根水,缓苗后到采收期保持田间最大持水量60％～70％。

9.2 追肥

定植后 10d～15d,每 667m² 追施尿素 4kg～5kg,定植后 30d～40d,每 667m² 追施蔬菜专用肥 10kg～15kg,采用沟施或穴施。

9.3 中耕

成株前期中耕、除草 2 次～3 次,结合中耕进行培土。

9.4 摘心

西蓝薹主枝花蕾生长至直径 5cm,用小刀斜切花球摘除顶心,把侧芽留住。

10 病虫害防治

10.1 主要病虫害

10.1.1 病害 霜霉病、黑腐病、软腐病等。

10.1.2 虫害 地老虎、黄曲条跳甲、小菜蛾、甜菜夜蛾、菜青虫等。

10.2 防治原则

预防为主、综合防治。

10.3 防治方法

10.3.1 农业防治。选择抗（耐）病品种,培养无病虫壮苗,与非十字花科作物轮作。

10.3.2 物理防治。选用粘虫板或杀虫灯防治。

10.3.3 生物防治。使用苏云金杆菌、苦参碱、BT 生物农药等防治。

10.3.4 化学防治。根据 NY/T393,选择合适药剂,遵守安全间隔期,详见附录 B-A。

11 采收贮藏

11.1 采收

产品质量要符合 NY/T 746 产品质量标准。

11.2 采收方法

当薹长 12cm～18cm 开始采收,采收须避开高温时期,早上 9 时—10时,下午 4 时—6 时进行;采收后捆扎成把,用刀削平切口位置。第一次收获之后,适度追肥,促进下部分枝薹生长,一般可以连续采收 3 次。

11.3 分拣装运

采收的西蓝薹要进一步分拣,把薹上大叶片去掉,断面切平,放入框内摆放整齐,装好后覆盖叶片并尽快运回冷库进行低温保鲜;如运输距离较远,宜采用地头直接装泡沫箱加碎冰块后封箱长途运输,运输要符合 NY/T 1056 运输标准。

11.4 贮藏

西蓝薹的适宜贮藏条件,要求温度 0℃～2℃;湿度 90％～95％。储存仓库用 5％～10％二氧化碳气调。贮藏设施应清洁、无虫害和鼠害。严禁与有毒、有害、有腐蚀性、易发霉、有异味的物品混存。

12 生产档案

做好详细的生产记录,见附录 B-B。

附录 B-A　（资料性）

西蓝薹生产主要病虫害及防治方法

序号	主要病虫	防治方法
1	霜霉病	未发病或发病前期,用杀毒矾(8％的噁霜灵和56％的代森锰锌复配的可湿性粉剂)500 倍液均匀喷雾
2	黑腐病	重茬地或连续阴雨天容易发病,建议未发病或发病前期,用 34.5％的喹啉铜和 0.5％的四霉素复配的悬乳剂 1 000 倍液或 3％的中生菌素可湿性粉剂 1 000 倍液均匀喷雾
3	黑心病	寄生性霜霉危害花梗、薹花球所致。未发病或发病前期,用杀毒矾(8％的噁霜灵和56％的代森锰锌复配的可湿性粉剂)500 倍液均匀喷雾
4	软腐病	采收伤口要平整。未发病或发病前期,用 34.5％的喹啉铜和 0.5％的四霉素复配的悬乳剂 1 000 倍液或 3％的中生菌素可湿性粉剂 1 000 倍液均匀喷雾
5	黄曲条跳甲	跳记(20％的啶虫脒)1 500 倍液或 5％的呋虫胺 1 000 倍液叶面均匀喷施
6	小菜蛾、甜菜夜蛾、菜青虫	甲维盐（3％微乳剂）500 倍液或艾绿士(60g/L 的乙基多杀菌素悬乳剂)1 500 倍液或 35％的氯虫苯甲酰胺 1 000 倍液＋25g/L 的溴氰菊酯乳油 1 000 倍液叶面均匀喷施

附录 B-B （规范性）

西蓝薹日常管理记录表

地块编号：	种植品类及品种：				播种及定植日期：	
日期	主要工作内容				地块负责人：	
	浇水（滴灌/漫灌/喷灌）	施肥（肥料名称、用量及施肥方式）	除草（人工/除草剂）	喷药（药品全称及用量）	实施人	备注

附录 C 青花菜、西蓝薹和皱叶菜常见的品种

图 C-1 亚非三月鲜

图 C-2 亚非大头娃 75

图 C-3 亚非绿宝盆 65

图 C-4　亚非成功 70

图 C-5　亚非王子 70

图 C-6　亚非王子 65

图 C-7　亚非绿宝盆 70

图 C-8　亚非绿宝石 80

图 C-9　亚非王子 100

图 C-10　亚非王子 120

图 C-11　亚非二月鲜

图 C-12　亚非薹薹

图 C-13　亚非薹薹二号

图 C-14　亚非薹薹四号

图 C-15 亚非晚熟薹薹

图 C-16 亚非万联青

附录 D 青花菜、西蓝薹和皱叶菜各生育期形态

图 D-1 青花菜幼苗期

图 D-2 青花菜莲座期

图 D-3 青花菜花球形成期

图 D-4 青花菜花球成熟期

图 D-5 西蓝薹幼苗期

图 D-6 西蓝薹莲座期

图 D-7　西蓝薹主薹采收期

图 D-8　西蓝薹侧薹采收期

图 D-9　皱叶菜幼苗期

图 D-10　皱叶菜莲座期

图 D-11　皱叶菜主薹采收期

图 D-12　皱叶菜侧薹采收期

附录 E 青花菜、西蓝薹和皱叶菜常见病虫害

图 E-1 猝倒病

图 E-2 立枯病

图 E-3 霜霉病

图 E-4 黑腐病

图 E-5　病毒病

图 E-6　软腐病

图 E-7　根肿病

图 E-8　菌核病

图 E-9　黑斑病

图 E-10　细菌性黑斑病

图 E-11　黑胫病

图 E-12　叶霉病

图 E-13　细菌性角斑病

图 E-14 蚜虫

图 E-15 菜粉蝶

图 E-16 小菜蛾

图 E-17 斜纹夜蛾

图 E-18 甜菜夜蛾

图 E-19 黄曲条跳甲

图 E-20 菜螟

附录 F 西蓝薹和皱叶菜美食图

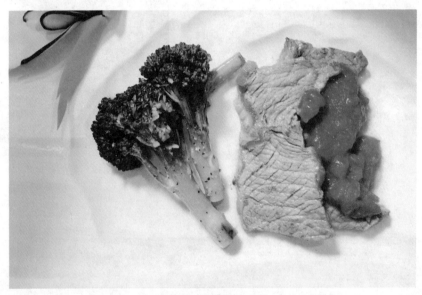

图 F-1 西蓝薹扒牛排

图 F-2 香煎西蓝薹

图 F-3 西蓝薹鳕鱼排

图 F-4 西蓝薹鱿鱼花

图 F-5   鲍汁双拼

图 F-6   蒜蓉汁凉拌皱叶菜

图 F-7   腊味皱叶菜玉米糊

图 F-8　排骨涮皱叶菜

图 F-9　皱叶菜肉包子

图 F-10 皱叶菜小龙虾

图 F-11 皱叶菜汁